基础化学实验

JICHU HUAXUE SHIYAN

丁 琼◎主编

长江出版传媒 | 湖北科学技术出版社

图书在版编目（CIP）数据

基础化学实验／丁琼主编.—武汉：
湖北科学技术出版社，2013.8（2022.8,重印）
ISBN 978-7-5352-6152-6

Ⅰ.①基…　Ⅱ.①丁…　Ⅲ.①化学实验-教材　Ⅳ.①O6-3

中国版本图书馆 CIP 数据核字（2013）第 192454 号

责任编辑：熊木忠　　　　　　　　　　　　　　　　封面设计：戴　旻

出版发行：湖北科学技术出版社　　　　　　　电　话：027-87679468
地　　址：武汉市雄楚大街 268 号　　　　　　邮　编：430070
　　　　　（湖北出版文化城 B 座 13-14 层）
网　　址：http://www.hbstp.com.cn

印　　刷：武汉邮科印务有限公司　　　　　　邮　编：430205

700×1000　1/16　　　　　　8.75 印张　　　　　　　100 千字
2013 年 8 月第 1 版　　　　　　　　　　　2022 年 8 月第 4 次印刷
　　　　　　　　　　　　　　　　　　　　　　定　价：26.00 元

本书如有印装问题　可找本社市场部更换

《基础化学实验》 编委名单

主　编　丁　琼

副主编　张海波

编　者　田秋霖　谢　音　秦　旅

前　言

基础化学实验是生物医学、药学等非化学专业的重要基础课之一，通过本课程的学习，不仅可使学生掌握基础化学的基本操作技能，提高动手能力，而且能培养学生实事求是的科学态度和良好的实验习惯，同时也有助于加深对基础化学理论知识的理解和掌握。

随着现代化实验技术的不断发展，基础化学实验的教学内容、实验方法、实验手段在不断更新，而且随着综合性大学的国际化程度加深，学生呈现多元化，使得原有的基础化学实验教材已经不能满足教学发展的需要。本实验教材是根据教育部关于本科非化学专业"基础化学"教学大纲的指导精神以及我校培养创新型人才的要求编写而成。教材结合多年的实验教学经验并对教学内容进行整合和优化，突出对学生动手能力、科学素养、创新思维等综合素质的培养。

本教材分为三个部分。第一部分介绍了与实验有关的基本知识和技术，包括实验规则、安全教育、常用仪器介绍、实验数据处理、测定仪器的基本原理和构造、正确的使用方法、操作要点等，突出强调操作的规范性；第二部分为实验内容，根据科学性、先进性和实用性的原则选编了比较成熟且基本技能训练效果比较好又切合课程基本要求的实验，供各校根据自己的特点和条件选用；第三部分为附录，为方便学生和教师的使用，附录了实验常需查用的资料。

本教材供高等院校生物医学、药学专业学生使用，也可以供其他非化学专业学生学习基础化学实验时选用。

参加本书编写的有丁琼（第一部分 1、2、3、4、5 及第二部分实验 1、2、3、17、19、20、21、23、24、25）；张海波（第一部分 6 及第二部分 4、5、7、10、11、13 及附录），田秋霖（第二部分实验 12、14、18）；谢音（第二部分实验 8、9、15、16）；秦旅（第二部分实验 6、22）。最后由丁琼和田秋霖对全部书稿进行了审阅和修改。

限于编者水平有限，书中错误和不妥之处在所难免，恳请广大读者批评指正。

编　者
2013 年 6 月于武汉大学

目　　录

第一部分　基础知识

第二部分　实验

第三部分　附录

第一部分　基础知识

1. 实验规则

　　基础化学实验是生物医学、药学等非化学专业的重要基础课之一，通过本课程的学习，不仅可使学生掌握基础化学的基本操作技能，提高动手能力，而且能培养学生实事求是的科学态度和良好的实验习惯，同时也有助于加深对基础化学理论知识的理解和掌握。

1.1　实验室守则

　　（1）遵守学习纪律和规章制度。实验期间不得借故外出或迟到、早退，尊重教师的指导。

　　（2）实验过程中要保持安静，不得进行任何与实验无关的活动。

　　（3）爱护仪器、设备，节约水、电、药品。凡损坏或丢失仪器，必须及时报告教师，按有关规定处理。

　　（4）本组的实验仪器和药品由本组使用，不得在别组挪用或调换，以免引起混乱。

　　（5）实验过程中要仔细观察实验现象，如实记录。认真思考和分析问题，根据实验结果写出实验报告。

　　（6）随时保持实验工作台面的整洁。火柴棒、用过的纸片等废品应丢入废物缸（或桶）内，严禁扔入水槽或水池内。养成良好的工作习惯。

　　（7）实验完毕，应认真清洗仪器，整理好药品试剂，做好实验室的清洁。关好水、电、气、门、窗。

　　（8）严禁将实验室的任何物品带出实验室。

1.2　实验室安全守则

　　（1）浓酸和浓碱具有很强的腐蚀性，切勿溅落在皮肤或衣物上，尤其注意不要溅入眼内。

　　（2）使用易燃的有机溶剂（乙醇、乙醚、苯、丙酮等）一定要远离火源，用后一定要将瓶盖盖紧，放在阴凉的地方。

　　（3）制备具有刺激性、恶臭、有毒的气体（H_2S、Cl_2、CO、SO_2、Br_2 等）或能够产生这些气体的反应以及加热或蒸发盐酸、硝酸、硫酸时，应在通风橱内进行。

(4) 有毒的可溶性钡盐、镉盐、铅盐、砷和铬（Ⅵ）的化合物，特别是氰化物，不得进入口中或接触伤口，其废液不能倒入下水道，应统一回收、处理。

(5) 汞易挥发，吸入体内因积累会引起慢性中毒，所以应保持在水中。一旦洒落，应尽可能地回收或用硫磺粉覆盖，使其反应生成不挥发的硫化汞。

(6) 加热试管时，试管口不能对着自己或他人，也不能俯视正在加热的液体或正在反应的容器。

(7) 使用电学、光学仪器，必须在教师的指导下操作，掌握使用方法和注意事项后，方能独立使用。用后必须整理还原。

(8) 使用酒精灯，应随用随点。绝对不能用已点燃的酒精灯去点燃另一盏酒精灯。不用时立即盖上灯罩，切不要吹熄。

(9) 如果发生意外事故，应立即报告教师，及时采取相应措施。

(10) 实验结束后，值日生应负责进行全面检查后方能离开实验室。

1.3　预习、实验及报告

1.3.1　实验前的预习

预习是做好实验的前提和保证。为了避免盲目性，获得良好的实验效果，在进行实验之前必须认真阅读实验教材，并要求做到：

(1) 明确实验的目的和要求，了解实验方法。

(2) 熟悉实验原理，了解实验步骤，认真阅读操作技术和有关仪器的使用方法。

(3) 了解实验注意事项，并且写出预习报告。预习报告是进行实验的依据，它应包括简要的实验步骤、操作要点、实验记录表和实验中应该注意的事项。

1.3.2　实验

实验是培养学生实验操作能力、观察思维能力、分析和解决实际问题的能力以及严谨的科学态度、良好的科学素质的重要环节。学生必须严肃、认真、独立地完成所要求的全部实验内容。

(1) 实验时要严格遵守实验规则，注意实验安全，服从教师的指导。

(2) 按预习中所拟定的实验步骤，严格实验条件，认真独立操作，仔细观察现象，边实验、边思考、边记录。

(3) 现象和数据（按有效数字）如实准确地记录在预习报告中，不得随意涂改。

(4) 注意分析实验中出现的各种问题，遇到疑难问题或异常现象，应及时请教教师。

(5) 注意学习和掌握实验基本操作和有关仪器的使用方法。

1.3.3　实验报告

实验报告是实验的总结，它反映了学生的实验结果，所以必须独立地认真完成。实验报告应简明扼要、书写整齐、结果真实、结论明确。

实验报告的基本格式：

（1）实验名称。

（2）实验目的。

（3）实验原理。

（4）主要仪器及试剂（包括试剂的规格）。

（5）实验步骤。

（6）实验现象、实验数据的记录及处理结果。

（7）思考与讨论。

2. 基本操作

2.1　常用仪器简介（表 2-1，图 2-1）

表 2-1　常用实验仪器

名称	规格	用途	注意事项
试管	外径(mm)×管长(mm)：有 10×100、15×150	作反应容器和收集少量气体用	可直接加热至高温，但不能骤冷
离心试管	容量（mL）：有 5、10……	用于沉淀分离	不可直接在火上加热
试管架	分木质、铝质和有机玻璃质，有不同的形状和大小	承放试管	
试管夹	分木质和铁质	加热时夹持试管	
毛刷	分长、短、粗、细	洗刷玻璃仪器	小心刷子顶端铁丝戳破玻璃仪器
烧杯	容量（mL）：有 50、100、250、500…	作反应容器和配制溶液用	加热时应放在石棉网上，注意不要烧干
量筒	容量（mL）：有 5、10、25、50、100…	量取一定体积的液体	不可量热溶液，不作反应容器
滴瓶 细口瓶 广口瓶	容量（mL）：有 15、30…… 分棕、无色两种	滴瓶盛放少量液体试剂；细口瓶即试剂瓶，盛放液体试剂；广口瓶盛放固体试剂；棕色瓶盛放见光易分解的试剂	使用滴瓶时，滴管吸液不能太满，也不能倒置，盛放碱液时应改用胶塞，以免瓶塞腐蚀粘牢

续表

名称	规格	用途	注意事项
滴管	短管、长管	吸取或滴加少量试剂；吸取沉淀上层清液以分离沉淀	滴加试剂时,滴管应保持垂直,切忌倒置;管尖不可接触容器内壁
药勺	牛角质、塑料质、不锈钢质	取用固体试剂	必须保持干净,且不能取灼热药品
称量瓶	容量(mL): 高型有:10、20、25… 矮型有:5、10、15、30…	高型用于准确称取一定量固体试剂;矮型用作测定水分或在烘箱中烘干基准物	瓶和盖必须配套,不能弄乱;烘烤时,不可盖紧磨口塞
锥形瓶	容量(mL):有 50、200、250…	作反应容器,常用于滴定操作	不可直接在火上加热
洗瓶	塑料质,以容量(mL)表示,有250、500	装蒸馏水,用于洗涤沉淀或容器;滴定分析中,吹洗锥瓶内壁	装蒸馏水时,瓶盖不能乱放
表面皿	直径(mm):有 45、60…	盖在烧杯或蒸发皿上	不能用火直接加热
蒸发皿	上口直径(mm):有 30、40、50、60、80、95… 容量(mL):有 100、125	蒸发液体	能耐高温,但不宜骤冷
石棉网	用铁丝编成,中间涂有石棉;有大小之分	不能用火直接加热时使用,使受热均匀	不能与水接触,不可卷折
研钵	有瓷、玻璃、玛瑙等质,以口径大小表示	研磨固体或固体物质混合时用	不作反应容器,只能研磨,不能敲击
三脚架	铁质,有大小、高低之分	放置加热容器	
泥三角	用铁丝弯成,套有瓷管,有大小之分	放置灼热坩埚	不能摔落,铁丝断裂的不能用
铁夹 铁环 铁架		固定、放置反应容器;铁环可代替漏斗架	防止铁锈落入容器中
漏斗	直径(mm):30、40、60、100…分长颈、短颈	长颈用于定量分析,过滤沉淀,短颈作一般过滤和倾注液体	过滤时,漏斗颈尖端必须紧靠承接滤液的容器内壁
点滴板	瓷质,有黑、白两种	用于点滴反应	白色沉淀用黑色板,有色沉淀用白色板

续表

名称	规格	用途	注意事项
干燥器	以外径(mm)大小表示,分普通和真空两种	内放干燥剂,保持物品干燥	防止盖子滑动而打碎;热的物品待稍冷后再放入
吸滤瓶	容量(mL):有 500、1 000…	减压过滤用	
布氏漏斗	以直径(mm)表示:有 50、100、200…	减压过滤用	滤纸要略小于漏斗的内径
水泵		减压	先开水泵后过滤,过滤完毕,应先分离水泵与吸滤瓶连接处,后关水泵

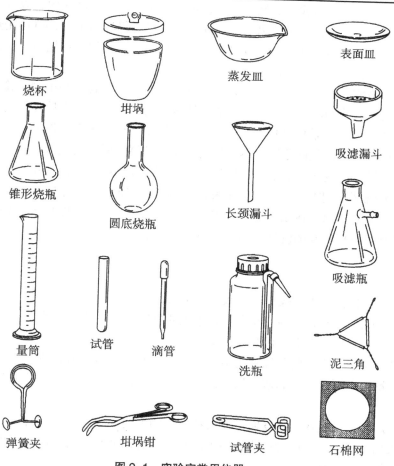

烧杯　　　坩埚　　　蒸发皿　　　表面皿

锥形烧瓶　　　圆底烧瓶　　　长颈漏斗　　　吸滤漏斗

量筒　　　试管　　　滴管　　　洗瓶　　　吸滤瓶

弹簧夹　　　坩埚钳　　　试管夹　　　泥三角　　　石棉网

图 2-1　实验室常用仪器

2.2 常用玻璃仪器的洗涤与干燥

2.2.1 洗涤

玻璃仪器是否干净，直接影响着实验结果的准确性，所以必须洗涤干净。

洗涤仪器的方法很多，主要根据实验的要求、污物的性质和沾污的程度来选用。附在仪器上的污物，一般为尘土和其他不溶性物、可溶性物、油污和其他有机物。针对这些情况，可分别采用下列洗涤方法。

(1) 水刷洗　借助毛刷用水刷洗，可除去仪器上的灰尘、可溶性物质和其他不溶性物质。刷洗时应注意，不能用力过猛，或用秃顶的毛刷刷洗，否则会戳破仪器。此法洗不掉油污和有机物。

(2) 去污粉、肥皂或合成洗涤剂刷洗　首先将要洗的仪器用水湿润，然后在湿润的仪器上洒上少许去污粉或合成洗涤剂，再用毛刷刷洗，洗后用自来水冲去仪器内、外的去污粉或洗涤剂，最后，再用少量蒸馏水冲洗 3 次，以洗去自来水中带来的钙、镁、铁、氯等离子。若油垢和有机物仍洗不干净，可再用热碱洗液洗。因摩擦将有损于玻璃，所以对于一定容量的仪器，如：容量瓶、移液管、吸量管、滴定管等不可用此法来刷洗。

(3) 铬酸洗液洗涤　进行精确的定量实验时，会遇到一些小的、管细的仪器很难用前述方法刷洗时，必须用铬酸洗液洗。洗涤时，尽量去掉仪器内的水，加入少量洗液，使仪器倾斜并慢慢转动，让洗液全部润湿内壁。洗液在仪器内壁流动几次后再将洗液倒回原瓶，然后用自来水将仪器上残留的洗液冲洗干净，最后用少量蒸馏水冲洗 3 次。洗液可反复使用，直至变为绿色溶液为止。

铬酸洗液配制方法：在台秤上称取研细的重铬酸钾（又称红矾钾）5 克置于 250mL 烧杯内加水 20mL，加热使其溶解，冷却后，再慢慢加入 80mL 浓硫酸（边加边搅拌！）配好的洗液应为深褐色，贮于磨口塞瓶中，密塞备用。且要防止被水稀释。

2.2.2 干燥

洗净的仪器如需干燥，可以采取以下方法：

(1) 晾干　不急用的、要求一般干燥的仪器，可将洗净后的仪器倒置在干净的实验柜内或仪器架上，任其自然晾干。

(2) 烘干　洗净的仪器亦可放在电烘箱内烘干，温度控制在 105℃左右。烘前应尽量把水倒干，玻璃塞应从仪器上取下来放在一旁烘，以免烘干后卡住而不易取下。

(3) 烤干　烧杯、蒸发皿可以放在石棉网上用小火烤干；试管可直接在酒精灯的火焰上烤干，但试管口应稍向下倾斜，从底部烤起，无水珠时再把试管口向上，以便把水汽赶净。

　　（4）吹干　急用干燥的仪器或不能用烘干方法干燥的仪器可以吹干。方法是先倒出水分，再用电吹风吹干，先冷风吹 1~2min，再热风吹至干燥，最后再冷风吹干。

2.3　干燥器的使用

　　普通干燥器结构如图 2-2。上面是一个磨口边的盖子（边上涂有凡士林或真空脂）；器内的底部放有无水氯化钙、变色硅胶、浓硫酸等干燥剂；干燥剂的上面放一个带孔的圆形瓷盘，以存放需干燥或保持干燥的物品。

（A）开启　　　　　　　　（B）搬动

图 2-2　干燥器及其使用

　　干燥器是保持物品干燥的仪器，所以凡已干燥但又易吸水或需长时间保持干燥的固体都应放在干燥器内保存。

　　打开干燥器时，不应把盖子往上提，而应将一只手扶住干燥器，另一只手从相对的水平方向小心移动盖子即可打开，如图 2-2（A），并将其斜靠在干燥器旁，谨防滑动。取出物品后，按同样方法盖严，使盖子磨口边与干燥器吻合。搬动干燥器时，必须用两手的大拇指按住盖子，如图 2-2（B），以防滑落而打碎。

　　长期存放物品或在冬天，干燥器可能因磨口上的凡士林凝固而难以打开，可以用热湿的毛巾捂热一下或用电吹风热风吹干燥器的边缘，使凡士林融化后再打开盖。

2.4　试剂及其取用

2.4.1　化学试剂的规格

　　关于化学试剂规格的划分，各国不一致。我国常用试剂等级的划分参阅表 2-2。

表 2-2　常用试剂表

国家标准	优(质)级纯 （保证试剂）G.R	分析纯 A.R	化学纯 C.P	实验试剂 L.R
等级	一级品（Ⅰ）	二级品（Ⅱ）	三级品（Ⅲ）	四级品（Ⅳ）
标志	绿色标签	红色标签	蓝色标签	黄色标签
用途	精密的分析工作和科研工作	一般的分析工作和科研工作	厂矿的日常控制分析和教学实验	实验中的辅助和制备原料

除上述 4 个等级外，还根据特殊需要而定出相应的纯度规格，如供光谱分析用的光谱纯，供核试验及其分析用的核纯等。

对于不同的试剂，各种规格要求的标准不同。但总的来说，优级纯试剂杂质含量最低，实验试剂杂质含量较高。应根据实际实验的需要，选用适当等级的试剂，既满足实验要求，又符合节约原则。

2.4.2　试剂的取用

（1）固体试剂的取用　要用清洁、干燥的药勺取用。药勺最好专勺专用，否则必须擦拭干净后方可取另一种药品；多取的药品不能倒回原瓶，可放在指定的容器中供他人使用。一般的固体试剂可放在干燥的纸上称量，具有腐蚀性或易潮解的固体应放在表面皿或玻璃容器内称量，固体颗粒较大时，可在清洁干燥的研钵中研碎；有毒药品要在教师指导下取用；往试管中加入固体试剂时，应用药勺或干净的对折纸片装上后伸进试管约 2/3 处再直立试管；加入块状固体时，应将试管倾斜，使其沿管壁滑下，以免碰破管底。

（2）液体试剂的取用

①从试剂瓶中取出液体试剂，用倾注法。取下瓶盖仰放于桌面，手握住试剂瓶上贴标签的一面，倾斜瓶子，让试剂慢慢倒出，沿着洁净的试管壁流入试管或沿洁净的玻璃棒注入烧杯中。然后将试剂瓶边缘在容器壁上靠一下，再加盖放回原处，如图 2-3。

②从滴瓶中取用液体试剂，要用滴瓶中的滴管。使用时，提出滴管，使管口离开液面，用手指紧捏滴管上部的乳胶头，赶出空气，然后伸入滴瓶中，放开手指，吸入试剂；若用滴管从试剂瓶中取少量试剂，则需用附置于试剂瓶旁的专用滴管取用。将试剂滴入试管中时，必须将它悬空地放在靠近试管口的上方，然后挤捏乳胶头，使试剂滴入管中。不得将滴管伸入试管中，如图 2-4。

③定量取用液体试剂时，用量筒或移液管。多取的试剂不能倒回原瓶。

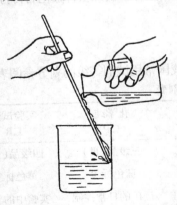
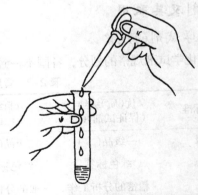

图 2-3　从试剂瓶中取液体试剂　　图 2-4　用滴管取用试剂及加入试管中

2.5 加热

2.5.1 常用加热仪器

（1）酒精灯 酒精灯一般是玻璃制的。由灯帽、灯芯、灯壶三部分组成。其灯焰温度通常可达 400~500℃，外焰最高，内焰次之，焰心最低。酒精灯用于温度不需太高的实验。点燃时，切勿用已点燃的酒精灯直接点火；添加酒精时，必须将火焰熄灭，且加入的量不能超过灯壶容量的 2/3，熄灭酒精灯时必须用灯罩罩熄，切勿用嘴去吹。

（2）电炉 电炉是一种用电热丝将电能转化为热能的装置。其温度高低可通过调节电阻来控制。使用时，容器和电炉之间要隔石棉网，以使受热均匀。

（3）电热恒温水浴锅 电热恒温水浴锅有两孔、四孔、六孔等不同规格。其构造分内外两层。内层用铝板制成，外壳用薄板制成，表面烤漆覆盖；槽底安装铜管，内装电炉丝用瓷接线柱联通双股导线至控制器；控制器表面有电源开关、调温旋钮和指示灯；水浴锅左下侧有放水阀门。水浴锅恒温范围为 37~100℃，电源电压为 220 伏，用作蒸发和恒温加热。使用时，切记水位一定不得低于电热管，否则将立即烧坏电热管。注意防潮，且随时检查水浴锅是否有渗漏现象。使用方法见各仪器说明书。

2.5.2 几种加热方法

（1）直接加热 在较高温下不分解的溶液或纯液体可装在烧杯、烧瓶中放在石棉网上直接加热。

（2）水浴加热 当被加热物要求受热均匀，而温度又不能超过 100℃时，用水浴加热。加热温度在 90℃以下时，可将盛物容器部分浸在水浴中。

（3）蒸汽浴加热 利用水蒸汽加热，温度可达 100℃，但提供的热量超过 100℃的水浴提供的热量。

（4）油浴、沙浴加热 若需加热在 100℃以上至 250℃以下的温度，可用油浴；若需加热到更高温度时可用沙浴。

2.6 溶解与结晶

2.6.1 固体的溶解

物质的溶解可在烧杯、烧瓶或试管中进行。若固体颗粒较大时，必须先在洁净、干燥的研钵中，小心研碎，再进行溶解。为了加速溶解，可适当加热。

2.6.2 结晶

当溶液蒸发到一定浓度时，若将溶液冷却则有晶体析出。较浓的热溶液迅速冷却或加以搅动，析出的晶体就细小。较稀的热溶液慢慢冷却或静置，析出的晶体颗粒就较大，但纯度不高。当第一次得到的晶体纯度不合要求时，可进行重结晶。

2.7 溶液与沉淀的分离

溶液与沉淀的分离方法有 3 种，倾滗法、过滤法、离心分离法。

2.7.1 倾滗法

当沉淀的比重较大或结晶颗粒较大，静置后能较快沉降至容器底部时，就可用倾滗法进行沉淀的分离或洗涤。方法是把沉淀上部的清液沿玻璃棒小心倾入另一容器内，如图 2-5，然后往盛沉淀的容器内加入少量洗涤剂，进行充分搅拌后，让沉淀下沉，倾去洗涤剂。重复操作 3 次即可将沉淀洗净。

图 2-5 倾滗法

2.7.2 过滤法

常用的过滤法有下列几种：

（1）常压过滤 先把一圆形或方形滤纸对折两次成扇形，如图 2-6。使之与漏斗密合，若不密合应适当改变滤纸折成的角度。然后用少量蒸馏水润湿滤纸。采取倾泻法，先将上层清液小心沿玻璃棒靠在滤纸层多的一边慢慢倒入漏斗内（不超过滤纸的 2/3）。转移完后，用少量洗涤剂洗沉淀且充分搅拌、沉降。如此反复 3 次以上，把沉淀转入滤纸上，最后再把盛沉淀的容器洗 3 次，每次洗涤液均转移到漏斗中去。为提高洗涤效率，应采取少量多次的原则。

图 2-6 滤纸的折叠

（2）减压过滤（抽吸或抽气过滤）过滤装置是由抽滤瓶、布氏漏斗、安全瓶和抽气泵（水泵）4 个部分组成，如图 2-7 所示。布氏漏斗是带有许多小孔的瓷漏斗，要安装在橡皮塞上，橡皮塞塞进吸滤瓶的部分一般不超过橡皮塞高度的1/2；安全瓶安装在吸滤瓶和水泵之间，目的是防止水泵产生溢液时溢液被吸入吸滤瓶中，其长管接水泵，短管接吸滤瓶；布氏漏斗的颈口与吸滤瓶的支管相对，便于吸滤。过滤时，先稍开水泵装置，使滤纸紧贴漏斗上，然后采取倾泻法将溶液转入漏斗中，再将沉淀转移到滤纸中间，每次加入量不超过漏斗容量的2/3，开大抽空量抽吸，并用玻璃棒将沉淀铺平，继续抽吸至比较干燥；洗涤沉淀时，应先拔掉与吸滤瓶相连的橡皮管，然后停止水泵，加入洗涤剂，接上减压装置，先稍开，最后大开，尽量吸干。重复操作，直至符合要求。抽滤完毕后，一定要先拔掉吸滤瓶支管上的橡皮管，再关水泵。

（3）热过滤 如果溶液受到冷却而又不希望这些溶质留在滤纸上，就需要进行热过滤。过滤时，把玻璃漏斗放在铜制的热漏斗内，并不断加热，使液体保持一定的温度，如图 2-8。热过滤时，应选用短颈玻璃漏斗。过滤少量溶液时，亦可将漏斗放在水浴上或烘箱中加热，然后立即使用。

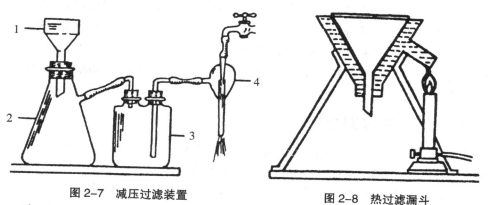

图 2-7 减压过滤装置

1. 布氏漏斗 2. 抽滤瓶 3. 安全瓶 4. 水泵

图 2-8 热过滤漏斗

2.7.3 离心分离法

不能用一般的过滤法分离沉淀时，可采取离心分离法。此法常用的仪器是电动离心机。其操作是将盛有沉淀和溶液的离心管放入离心机的试管套内，为保持平衡，在与此对称的另一试管套内也放一支盛有等体积水的离心管，盖上离心机盖子，将离心机变速器调至最低档开动，再逐渐加速，运转 1～2min 关闭离心机，让其自然停止。任何情况下都不允许用高速档启动和强制停止。离心沉降后，取出离心管，用一干净吸管小心吸出上层清液，用 2～3 倍于沉淀量的洗涤液洗涤沉淀，充分摇动，再进行离心分离。如此操作 2～3 次。

2.8 试纸的使用

实验室常用的试纸有：pH 试纸，醋酸铝试纸，淀粉－碘化钾试纸。这里仅介绍 pH 试纸。pH 试纸用于检验溶液 pH 值，一般有两类：一类是广泛 pH 试纸，变色范围在 pH=1～14；另一类是精密 pH 试纸，这种试纸在 pH 值变化较小时就有颜色变化，可用来较精细的检验溶液 pH 值，变色范围有 pH=2.7～4.7，3.8～5.4，5.4～7.0，6.8～8.4，8.2～10.0，9.5～13.0 等等。

使用 pH 试纸时，应用沾有待测液的玻璃棒点在试纸上，然后与色阶板比较，得出 pH 值或 pH 值范围。切不要将试纸浸在溶液中。

2.9 实验用纯水的制取

化学实验尤其是定性、定量分析实验需要纯净水，常用的为蒸馏水。蒸馏水是利用水与杂质的沸点不同而制得的，通常是经过一次蒸馏而得（即一次水）。对高纯物质的分析，必须用高纯水。为此，可以增加蒸馏次数，减慢蒸馏速度，采用高纯材料（如石英）作蒸馏器等。实验室中所用的二次水、三次水等就是通过二次、三次蒸馏得到的。高纯水应当贮存在有机玻璃、塑料或石英容器内。蒸馏法制纯水的优点是操作简单、成本低、效果好（可除去离子杂质和非离子杂质），适用于实验室、科研室及化验室使用。目前，已有多种蒸馏水器商品供应，常用的有石英双蒸馏水器和石英哑沸蒸馏水器。由于蒸馏法制纯水的产量低，水质电阻率较低，若用水量大，可采用离子交换法制纯水，或者蒸馏法与离子交换法联合使用。

3. 实验误差与数据处理

化学实验是一门科学。由于仪器和感觉器官的限制，实验研究中测得的数据只能达到一定程度的准确度，因此实验者必须在实验之前了解测量所能达到的准确度，拟定可行的实验方案，选择合理的实验方法和合适的实验量程，寻找有利的测量条件，精细实验；在实验后对所测得的数据进行处理、归纳、整理，科学地分析各物理量之间的关系和规律，正确表达实验结果，并评价、分析测量结果的准确性（可靠程度）。所有这些都要树立正确的误差概念，并通过对误差大小及产生误差原因的分析，采取减小误差的有效措施，以实现上述要求。以下简单介绍有关误差分析与数据处理的一些基本概念。

3.1 误差及产生原因

3.1.1 系统误差（可测误差）

系统误差是由一定原因引起的，它对测定结果的影响比较固定，在同一条件下，重复测定，它将重复出现，因此其大小可以测出。产生的原因有方法误差（如容量分析中计量点和滴定终点不相符）、仪器误差（如天平、砝码和量器刻度不够准确）、试剂误差、操作误差（如滴定管读数偏高或偏低，某种颜色的变化辨别不够敏锐）等。常用对照试验，空白试验，校准仪器等办法减小系统误差（详情查阅有关专著）。

3.1.2 偶然误差（随机误差）

偶然误差是由于某些难以预料的偶然因素引起的（如测定时环境温度、湿度和气压的微小波动，仪器性能的微小变化等），它对测定结果的影响不固定。虽然偶然误差难以察觉，但它具有一定的规律性：小误差出现的几率大，大误差出现的几率小，大小相等的正负误差出现的几率相等。偶然误差随测定次数的增加而迅速减小。所以，多次测量取平均值，是减少偶然误差的最好办法。滴定分析中，一般要平行测量 3~4 次。

3.1.3 过失误差

实验和测量过程中因科学意识不强，粗心大意（如加错试剂，读数、记录和计算错误等），或不按规范程序操作所造成的人为错误。实验和测量过程中一定要态度认真、操作规范、细心负责，避免过失误差。

3.2 误差的表示法

3.2.1 准确度与误差

准确度指测定值与真实值之间的偏离程度，大小用误差来量度。误差越小，测定结果的准确度越高。

（1）绝对误差 E

$$绝对误差 E = 测量值 (x) - 真实值 (T)$$

$$E = x - T$$

$E > 0$ 为正误差，$E < 0$ 为负误差。

（2）相对误差 Er

$$相对误差 Er = 绝对误差 E / 真实值 T$$

$$Er = \frac{E}{T} \times 100\%$$

仪器的 E 是可知的，但 T 是未知的，通常用测定值 x 代替

$$Er = \frac{E}{x} \times 100\%$$

则 Er 的意义是绝对误差 E 在测定值 X 中所占的比例。E 是有单位的，而 Er 是无单位的，因此，不同物理量的 Er 可以相互比较；E 的大小与被测值 x 大小无关，而 Er 与被测值 x 大小及 E 的值都有关。因此，无论是比较各种测量的精度或是评定测量结果的准确度来说，采用 Er 都更为合理。

3.2.2 精密度和偏差

精密度是指多次测量结果之间的相吻合程度，大小用偏差来量度。偏差越小，精密度越高。精密度包括测量值的重现性和测量结果的有效数字位数。

（1）绝对偏差 d

$$绝对偏差 d = 单个测量值 (x_i) - 平均值 (\bar{x})$$

$$d = x_i - \bar{x}$$

（2）绝对平均偏差 $\bar{d}$

$$\bar{d} = \frac{|\bar{d_1}| + |\bar{d_2}| + \cdots + |\bar{d_n}|}{n} \qquad （n 为测定次数）$$

（3）相对平均偏差 $\bar{d}_r$

$$\bar{d}_r = \frac{\bar{d}}{x} \times 100\%$$

相对平均偏差计算比较简单，多用于一般的测量工作中。常量滴定分析的测量结果一般要求 $\bar{d}_r \leqslant 0.2\%$。

注意精密度与准确度的区别和联系。如果测量的结果很精密，但准确度不一定很好。高精密度不能保证高准确度，而高准确度必须有高精密度来保障。只有在无系统误差时，精密度和准确度才是一致的。

3.3 实验数据的处理

实验中任何测量的准确度都是有限的，只能以一定近似值来表示测量结果。因此，测量数据的准确度就不能超过测量所允许的范围。如果任意地将近似值保留过多的位数，反而会歪曲测量结果的真实性。要正确记录和计算实验数据，就涉及到有效数字和数值运算规则问题。

3.3.1 记录测量数值，必须写出它的有效数字

有效数字是指实际测量得到的数字，它包括所有的准确数字和最后一位估计数字。例如 50mL 量筒上的最小刻度为 1mL，在两刻度间可再估计一位，所以可读至 0.1mL（如 35.5mL）。若为 50mL 滴定管，最小刻度为 0.1mL，再估计一位，可读至 0.01mL（如 25.41mL），若记录为 25.4 或 25.416 都是错误的。

注意"0"的双重作用：第 1 个数字前面的"0"，如 0.0 001 564 中"0"，只作定位用，不是有效数字；数字中间的和小数末端的"0"，如 2 500.38，6.9 700 中"0"，是有效数字。整数如 500 中"0"，有效数字位数不能确定。如写成 5.0×10^2 是两位、写成 5.00×10^2 是三位有效数字。

对于 pH、pOH、pK、lgC 等对数值，其有效数字的位数，取决于小数点后面的位数，而小数点前面的整数部分只表明该真数中 10 的方次数。如 pH=10.68，即 $c(H^+) = 2.1 \times 10^{-11}$，其有效数字为二位，而不是四位。

自然数和在计算中出现的倍数或分数，都不是测量所得到的，所以其有效数字的位数不受限制。

3.3.2 "四舍六入五留双"修约法

修约时要合理取舍。凡有效数字右边第 1 位数等于或大于 6 则进位，小于 4 则舍去，等于 5，如前一位是奇数则进位，是偶数则舍去。先修约后运算（使用计算器也可先运算后修约）。

3.3.3 有效数字运算规则

(1) 计算结果所得的数值只能保留一位估计数字，弃去过多的估计数字。

(2) 加减运算中，几个数相加或相减所得和或差的有效数字的位数，应以小数点后位数最少的那个数为准。如：求 80.1+3.46+0.7 872 的和，应以 80.1 为准，多余数字应按修约规则取舍，因此应为 80.1+3.5+0.8＝84.4。

(3) 乘除运算中，几个数相乘或相除所得的积或商的有效数字的位数应以有

效数字位数最少的那个数为准。如求 $0.0431 \times 27.84 \times 1.0578$ 的积，应以 0.0431 为准来保留其他数据的位数，因此应为 $0.0431 \times 27.8 \times 1.06 = 1.27$。

3.4 实验数据的表达

实验数据应整理、归纳，并以简明正确的方式表达出来。通常有列表法，作图法和数学方程法。下面仅就列表法和作图法作一简介。

3.4.1 列表法

将一组实验数据中自变量 x 和因变量 y 一个个的对应排列成表格，以表示二者之间的关系。列表法注意事项：

（1）每个表格都应有一个编号和完整、简明的名称。

（2）表格的首栏应以"物理量·单位 $^{-1}$"形式表示，如 $V \cdot mL^{-1}$ 等，这样表格中所列为纯数值。

（3）公共乘方因子应记在栏头中，以使数据简化。

（4）每一列的数字排列要整齐，小数点要对齐，以便相互比较；数值为零应记为 0，数值空缺应记一横划"——"。

实验的原始数据一般采用列表法记录。表格法虽然简单易行，即不需要特殊的图纸和工具，又便于参考比较，但列表法不能反映出各数值间连续变化的规律。

3.4.2 作图法

利用实验数据作出图形，可以直观地显示出实验数据的特点、数据变化的规律，如极大、极小、转折点、周期性、变化速率等等重要性质。从图形上能简便地找出所需要的数据，有利于确定经验方程中的常数等；也可以方便地求出斜率、截距、切线等；同时利用多次测量的数据描绘出的图形，还具有"平均"的意义，从而可以发现和消除一些偶然误差。因此利用实验数据正确地作出图形，在数据处理上是一种很重要的方法。作图时应注意以下几点：

（1）坐标纸、坐标轴的选择　实验中常用的坐标纸有直角坐标纸，对数坐标纸和三角坐标纸，一般用直角坐标纸。用直角坐标纸作图，通常习惯上以自变量为横轴，因变量（函数值）为纵轴。

（2）坐标标度的选择　通常应使单位坐标格子所代表的变量为简单的整数（选 1、2、4、5 的倍数，不宜选用 3、6、7、9 的倍数）。如无特殊的需要（如直线外推求截距），就不必以坐标原点为标度起点，而从略低于最小测量值的整数开始，使作图紧凑，同时读数精度也得到提高。如图 3–1（A）合适，3–1（B）不合适。

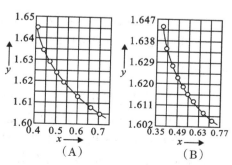
（A）　　　（B）

（3）坐标比例尺的选择　应使变量的绝对误差在图纸上相当 0.5～1 小格（坐标纸的最小分度为 0.5～1mm），如以 $\pm\Delta x$，$\pm\Delta y$ 分别表示两个变量的绝对误差，则 $\pm\Delta x$ 和 $\pm\Delta y$ 在毫米坐标纸上约等于 1～2mm，因而点子的大小也约为 $(\pm\Delta x)(\pm\Delta y)$ 大小的矩形面积。比例尺选择不当，会使曲线变形，甚至由此得出错误的结论。比例尺选定后，画出坐标轴，并在轴端或轴旁注明变量的名称和单位，在轴的分度（刻度）边写明该变量的对应值（一般写在逢 5 或 10 的粗刻度线上）。对于直线或近于直线的曲线，应让它与横坐标的夹角在 45° 左右（图纸上对角线附近，使直线的斜率尽可能接近于 1）。

（4）图点的标绘　数据的代表点常用符号 ●、○、⊗、△、×、□ 等表示（符号的面积近似地代表测量的绝对误差范围）。绘出曲线后这些代表点符号仍保持清晰显现。

（5）曲线的绘制　根据代表点可连接成曲线（或直线）。曲线不必通过各个点，但要尽量保证各代表点均匀地分散在曲线两侧，使所有点离开曲线距离的平方和最小。这样绘出的曲线才能反映出被测物理量之间变化规律。为保证曲线所呈现的规律的可靠性，在曲线的极大、极小或转折点处应多测定一些数据。绘制曲线时若发现个别点远离曲线，要分析原因，如检查计算无误，又难以重做实验验证，只好舍弃；如重新测量得到同一结果，就应引起重视，并在这一区间重复仔细的测量，还应适当增加该点两侧测量点的密度。总之，绘制的曲线要尽可能平滑，不能成折线。

若在同一坐标纸上绘制几条曲线时，则每一条曲线上的代表点及对应的曲线要用不同的符号或不同的颜色表示。

曲线作好后，应注上图的名称，说明坐标轴所代表的物理量及主要的测量条件（如温度、压力、浓度等）。

（6）从直线上求斜率　必须从线上取点。对于直线 $y=ax+b$，斜率

$$a=\frac{y_2-y_1}{x_2-x_1}$$

为了减小误差，所取二点不能相距太近，所取之点必须在线上（绝对不允许取实验中的两组数据代入计算）。计算应注意是两点标度差之比，不是纵横坐标线段长度之比（因纵横坐标的比例尺可能不同）。

4. 称量

电子天平是进行化学实验不可缺少的重要称量仪器。常用的天平种类很多，尽管在结构上各有差异，但它们都是根据杠杆原理设计而制成的。

电子天平是基于电磁力平衡原理来称量的天平。其原理可简述为：在磁场中放置通电线圈，若磁场强度保持不变，线圈产生的磁力大小与线圈中的电流

大小成正比。称物时，物体产生向下的重力，线圈产生向上的电磁力，为维持两者的平衡，反馈电路系统会很快调整好线圈中的电流大小。达到平衡时，线圈中的电流大小与物体的质量成正比。通过校正及 A/D 转换等，即可显示物体的质量。

电子天平有即时称量、不需砝码、达到平衡快、直显读数、性能稳定、操作简单等特点。此外，电子天平还具有自动校正、自动去皮、超载显示、故障报警、信号输出及数据处理等功能。因此，电子天平具有机械天平无法比拟的优点。

电子天平可分为上皿式和下皿式两种。秤盘在支架上面的为上皿式，秤盘吊挂在支架下面的为下皿式，目前使用较广泛的是上皿式电子天平。市面上电子天平型号繁多，其主要区别在外观和面板上，功能和使用方法则大同小异。现以 EL/AL-204 型电子天平为例，具体介绍其结构、性能和使用方法。EL/AL-204 型电子天平的外形结构，其结构如图 4-1 所示。

4.1　EL/AL-204 型电子天平的主要技术指标

技术参数	指标值
可读性	0.1mg
最大称量值	210g
重复性(s)	0.1mg
线性误差	±0.3mg
外部校准砝码	200g
秤盘尺寸(mm)	Φ90
典型稳定时间(s)	4
外形尺寸[W(mm)×D(mm)×H(mm)]	238×335×364

4.2　EL/AL-204 型电子天平的特点

除了称量、去皮和校准等基本操作还可以激活百分比称量、称量值回忆、计件称量、动态称量、加减称量、自由牛顿因子等内置应用程序。

亦可实现多种称量单位的转换：g，kg，mg，ct，lb，ozt，dwt 等。

4.3　使用时的环境条件

环境温度	10～30℃
相对湿度	15%～80%　无凝结

4.4 电子天平的操作

(1) 水平调节　天平安装好后，先观察水平仪，如水平仪的小气泡偏移，需调整水平调节脚，使小气泡位于水平仪圆圈内。

(2) 开启天平　接通电源，轻按 ON 键，显示器亮，同时天平进行自检，约 2s 后显示天平的型号，然后是称量模式，如 0.0 000g。稍预热后即可称量。

天平的结构

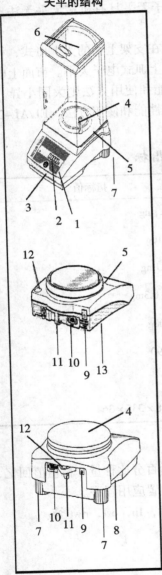

1　操作键

2　显示屏

3　具有以下参数的型号牌表示

　　"Max"：最大称量值

　　"d"：实际分度值

4　秤盘

5　防风圈（部分天平有）

6　防风罩

7　水平调节脚

8　用于下挂称量的秤钩孔（在天平底部）

9　交流电源适配器插座

10　RS232C 接口（选购件）

11　防盗锁（选购件）连接环

12　水平泡

13　电池盒（仅袖珍型天平有）

EL 系列的所有天平具有相同的操作键和显示屏。

图 4-1　EL/AL-204 型电子天平

（3）天平校准 新装好的天平及存放较长时间未使用的天平，在使用前应进行校准。此外，若天平位置移动，环境发生变化，或为了能准确称量，在使用前也应对天平进行校准。

（4）称量 按 TAR 键，显示为"0.0 000g"后，将被称物置于秤盘上，待显示屏左下角的"O"标志熄灭后，显示屏所示数字即为被称物的质量。

（5）去皮称量 按 TAR 键清零，将容器至于秤盘上，天平显示容器质量，再按 TAR 键，显示"0.0 000g"，即去皮重。再把待称物加入容器中，待显示屏左下角"O"标志熄灭，这时显示的是待称物的质量。按 TAR 键清零后，若从秤盘上取下物品，天平显示负值，该值即为取下物品的质量。

若称量过程中秤盘上的总质量超过最大载荷，天平仅显示上部线段，此时应立即减小载荷。

（6）天平用完后，按 OFF 键关闭。若有较长时间不再使用天平，应拔下电源插头。

电子天平由于生产厂家和型号的不同，功能调试键各有不同，使用时详见产品说明书。学生在使用电子天平时，一般只进行 ON、OFF 和 TAR 三个键的操作，禁用其他功能键。

4.5 电子天平的称量方法

根据不同的称量对象和实验要求，需采用相应的称量方法和操作步骤。以下介绍几种常用的称量方法。

（1）直接称量法 此法用于称量某物体的质量，如称量小烧杯的质量、坩埚的质量等。这种称量方法适用于称量洁净干燥、不易潮解或升华的固体试样。

（2）固定质量称量法 也称增量法，用于称量固定质量的某试剂（如基准物质）或试样。这种称量的速度较慢，只适于称量不易吸潮、在空气中能稳定存在的试样，且试样应为粉末状或小颗粒状（最小颗粒应小于 0.1mg），以便调节其质量。固定质量称量方法如图 4-2 所示。

图 4-2 固定质量称量操作

将洁净的表面皿（或小烧杯）置于天平的秤盘上称出其质量，然后慢慢加试样至所加量与所需量相同。称量时，若加入的试剂量超过了指定质量，则应重新称量。从试剂瓶中取出的试剂一般不应放回原试剂瓶中，以免沾污原试剂。操作时不能将试剂散落于表面皿（或小烧杯）以外的地方，称好的试剂必须定量地直接转入接受容器中。

　　(3) 递减称量法　此法用于称量质量在一定范围内的试样或试剂。易吸水、易氧化或易与 CO_2 反应的试样，可用此法称量。需平行多次称取某试剂时，也常用此方法。由于称取试样的质量是由两次称量之差求得，故也称差减法。

　　用此法称量时，先借助纸片从干燥器（或烘箱）中取出称量瓶（注意：不要让手指接触称量瓶和瓶盖，称量瓶应处室温），如图 4-3 (a) 所示，用小纸片夹住瓶盖柄，打开瓶盖，用药匙加入适量试样，盖上瓶盖。将称量瓶置于秤盘上，关好天平门，称出称量瓶及试样的准确质量（也可按清零键，使其显示 0.0 000g）。再将称量瓶取出，在接受容器的上方，倾斜瓶身，用称量瓶盖轻敲瓶口上部使试样慢慢落入容器中，如图 4-3 (b) 所示。

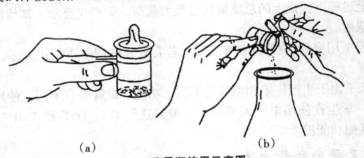

(a)　　　　　　　　　　　　　(b)

4-3　称量瓶使用示意图

(a) 称量瓶拿法　　(b) 从称量瓶中敲出试样

　　当敲落的试样接近所需量时（一般称第 2 份时可根据第 1 份的体积估计），一边继续用瓶盖轻敲瓶口，一边逐渐将瓶身竖直，使粘附在瓶口上的试样落下，然后盖好瓶盖，把称量瓶放回天平秤盘，准确称其质量。两次质量之差，即为试样的质量（若先清了零，则显示值即为试样质量）。若一次差减出的试样量未达到要求的质量范围，可重复相同的操作，直至合乎要求。按此方法连续递减，可称取多份试样。

4.6　使用天平的注意事项

　　(1) 开、关天平，放、取被称物，开、关天平门等，都要轻、缓，切不可用力按压、冲击天平秤盘，以免损坏天平。

　　(2) 清零和读取称量读数时，要留意天平门是否已关好。称量读数要立即记录在实验报告本中。

　　(3) 对于热的或过冷的被称物，应置于干燥器中直至其温度同天平室温度一致后才能进行称量。

　　(4) 天平的前门（有些天平无单独的前门）、顶门仅供安装、检修和清洁时使用，通常不要打开。

　　(5) 在天平防尘罩内放置变色硅胶干燥剂，当变色硅胶失效后应及时更换。

注意保持天平、天平台和天平室的整洁和干燥。

（6）如果发现天平不正常，应及时向教师或实验室工作人员报告，不要自行处理。称完后，应及时使天平还原，并在天平使用登记本上登记。

5. 滴定分析仪器及其基本操作

5.1 *滴定管*

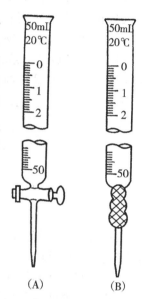

图 5-1 滴定管
A. 酸式滴定管
B. 碱式滴定管

滴定管是用于滴加溶液并确定溶液体积的玻璃仪器。它的上部为带刻度的细长玻璃管，下端为滴液的尖嘴，中间是用于控制滴定速度的旋塞或乳胶管（配以玻璃珠）。滴定管分为酸式滴定管和碱式滴定管两种（图5-1）。酸式滴定管可以用来盛放酸性、中性及氧化性溶液，但不宜装碱性溶液，因为碱性溶液能腐蚀玻璃磨口和旋塞。碱式滴定管用来盛放碱性及无氧化性溶液。能与乳胶管起反应的溶液，如高锰酸钾、碘和硝酸银等溶液，不能加入碱式滴定管中。目前市面上还有一种带聚四氟乙烯旋塞的通用型滴定管。这种滴定管可克服上述酸、碱式滴定管存在的旋塞易堵塞、乳胶管易老化及只宜装某些溶液的缺点，使用起来较方便。滴定管的容量有大有小，最小的为 1mL，最大的为 100mL，还有 50mL、25mL 和 10mL 的滴定管。常用的是 50mL 和 25mL 的滴定管，它们的最小刻度为 0.1mL，读数可估计到 0.01mL。

5.1.1 洗涤

滴定管一般用自来水冲洗，零刻度线以上部分可用毛刷刷洗，零刻度线以下部位如不干净，则应采用洗液洗（碱式滴定管应除去乳胶管，用橡胶乳头将滴定管下口堵住）。污垢少时可加入约 10mL 洗液，双手平托滴定管的两端，不断转动滴定管，使洗液润洗滴定管内壁，操作时先关闭旋塞并将管口对准洗液瓶口，以防洗液外流。洗完后，将洗液分别由两端放出。如果滴定管太脏，可将洗液装满整根滴定管浸泡一段时间。为防止洗液流出，在滴定管下方可放一烧杯。最后用自来水、蒸馏水洗净。洗净后的滴定管内壁应被水均匀润湿而不挂水珠。如挂水珠，应重新洗涤。

5.1.2 查漏

滴定管洗涤好后，在其中装入蒸馏水至零刻度以上，并垂直的夹在滴定管架上，静置几分钟，观察是否漏水。然后试着滴定一下，看是否能灵活控制滴定速度。若滴定管漏水或操作不灵活，应进行下述处理：

对于酸式滴定管，应在旋塞与塞套内壁涂少许凡士林。涂凡士林时，不要涂得太多，以免堵住旋塞孔；也不要涂得太少，达不到转动灵活和防止漏水的目的。在旋塞的大头部分和旋塞套小端部分的内壁涂上适量的凡士林后，将旋塞直接插入旋塞套中。插入时旋塞孔应与滴定管平行，此时旋塞不要转动，这样可以避免将凡士林挤到旋塞孔中去。然后，向同一方向不断旋转旋塞，直至旋塞周围呈均匀透明状为止。旋转时，注意应有一定的向旋塞小的一端挤的力，避免来回移动旋塞，使塞孔被堵（图 5-2）。最后将橡胶圈套在旋塞小端的沟槽上。若旋塞孔或出口尖嘴被凡士林堵塞，可将滴定管充满蒸馏水后（若室温较低，应加温蒸馏水），将旋塞打开，用洗耳球在滴定管上部挤压，将凡士林排出。

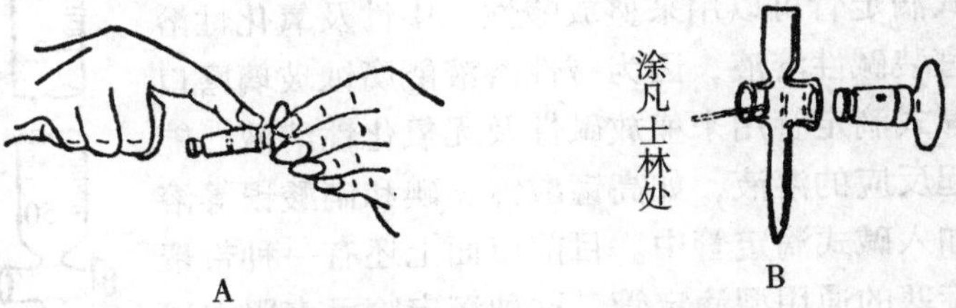

图 5-2 酸式滴定管活塞涂凡士林

若为碱式滴定管，应检查橡胶管是否老化、玻璃珠大小是否合适。橡胶管老化则更新，玻璃珠过大（不便操作）或过小（会漏溶液）也应更换，以达到控制灵活、不漏溶液的目的。

若为带聚四氟乙烯旋塞的通用型滴定管，则通过调节螺丝即可。

5.1.3 装液

为了使装入滴定管的溶液不被滴定管内壁的水稀释，要先用所装溶液润洗滴定管。注入所装溶液约 10~15mL，然后两手平端滴定管，慢慢转动使溶液流遍全管。打开滴定管的旋塞，使润洗液从滴定管下端流出。如此润洗 3 次以后，即可装入溶液。装液时应将瓶中的溶液直接倒入滴定管中（注意不要借用其他容器，如烧杯、漏斗等转移，以免带来误差），直至充满至零刻度以上为止。

5.1.4 排气

装好溶液后，应检查尖嘴部分和橡胶管（碱式滴定管）内是否有气泡。若碱式滴定管中有气泡，可用右手拿滴定管，左手拇指和食指捏住玻璃珠部位，使橡胶管向上弯曲翘起，并捏挤橡胶管，使溶液从尖嘴喷出，排除气泡（图 5-3）。排除酸式滴定管及通用型管中的

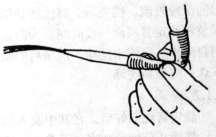

图 5-3 碱式滴定管排气泡

气泡，可用右手拿滴定管，左手迅速打开旋塞，使溶液冲出尖嘴，流入水槽，同时右手可上下抖动滴定管。气泡排除后，加入溶液至"0"刻度以上，再转动旋塞或挤捏玻璃珠，把液面调节在 0.00mL 刻度处或略低于零刻度处。

5.1.5 读数

滴定管读数前，应看看滴嘴上是否挂着液珠。滴定后，若滴嘴上挂有液珠，则无法准确确定滴定体积。读数时一般应遵循下列原则：

（1）将滴定管从滴定管架上取下，用右手大拇指和食指捏住滴定管上部（即滴定管及溶液的重心以上），其他手指从旁辅助，使滴定管自然垂直，然后再读数。将滴定管夹在滴定管架上读数的方法，一般不宜采用，因为这样很难保证滴定管垂直和准确读数。

（2）由于水的附着力和表面张力的作用，滴定管内的液面呈弯月形，无色和浅色溶液的弯月面比较清晰。读数时，视线应与弯月面下缘的最低点相切，即视线应与弯月面下缘的最低点在同一水平面上，如图 5-4 所示。对于有色溶液（如 $KMnO_4$，I_2 等），其弯月面不够清晰，读数时，视线应与液面两侧的最高点相切，这样才较易读准。

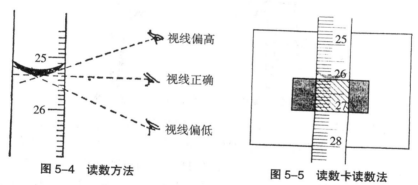

图 5-4 读数方法　　　　　　　　图 5-5 读数卡读数法

（3）在滴定管装满或放出溶液后，必须等 1~2min，使附着在内壁的溶液流下来后，再读数。如果放出溶液的速度较慢（如接近化学计量点时就是如此），那么可只等 0.5~1min 即可读数。注意在每次读数前，都看一下管壁内有没有挂液珠，管的尖嘴处有无悬液滴，管嘴内有无气泡。

（4）必须读至 0.01mL 位。滴定管上两个小刻度之间为 0.1mL，要正确估计其十分之一的值，需经严格训练方能做到。一般可以这样估计：当液面在此两小刻度线中间时，最后一位即为 0.05mL；若液面在两小刻度的 1/3 处，即为 0.03mL 或 0.07mL；当液面在两小刻度的 1/5 时，即为 0.02mL 或 0.08mL 等等。

（5）对于有蓝带的滴定管，读数方法与上述相似。当蓝带滴定管内盛有溶液时，将出现似两个弯月面的上下两个尖端相交，此上下两尖端相交点的位置，即为蓝带管的读数的正确位置。

(6) 为了便于读数，亦可采用读数卡，它有利于初学者读数。读数卡是用贴有黑纸或涂有黑色长方形的白纸板制成的。读数时，将读数卡放在滴定管背后，使黑色部分在弯月面下约 0.5cm 处，此时即可看到弯月面的反射层全部成为黑色，如图 5-5 所示。然后，读此黑色弯月面下缘的最低点。对有色溶液须读其两侧最高点时，须用白色卡片作为背景。

5.2　滴定操作

使用酸式滴定管时，左手握滴定管，其无名指和小指向手心弯曲，轻轻地贴着出口部分，用其余三指控制旋塞的转动，如图 5-6 所示。注意不要向外用力，以免推出旋塞造成漏液，而应使旋塞稍有向手心的回力。

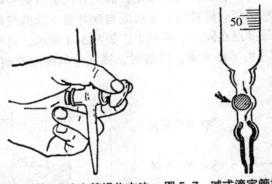

图 5-6　酸式滴定管操作方法　　图 5-7　碱式滴定管操作方法

使用碱式滴定管滴定，仍以左手握管，其拇指在前，食指在后，其他三个手指辅助夹住出口管。用拇指和食指捏住玻璃珠所在部位，向右边挤橡胶管，使玻璃珠移至手心一侧，这样溶液即可从玻璃珠旁边的空隙流出（图 5-7）。注意不要用力捏玻璃珠，不要使玻璃珠上下移动，也不要捏玻璃珠下部的橡胶管，以免空气进入而产生气泡。

滴定一般在锥形瓶中进行，滴定管下端伸入瓶中约 1cm，必要时也可在烧杯中进行。操作方法如图 5-8 所示。

图 5-8　滴定操作

左手按前述方法操作滴定管，右手的拇指、食指和中指拿住锥形瓶颈，沿同一方向按圆周摇动锥瓶，不要前后振动。边滴边摇，两手协同配合，开始滴定时，无明显变化，液滴流出的速度可以快一些，但必须成滴而不能成线状流出，滴定速度一般控制在 3~4 滴／秒，注意观察溶液的滴落点。随着滴定的进行，滴落点周围出现暂时性的颜色变化，但随着摇动锥形瓶，颜色变色很快。当接近终点时，颜色变化消失较慢，这时就应逐滴加入，加一滴后把溶液摇匀，观察颜色变化情况，再决定是否还要滴加溶液。最后应控制液滴悬而不落，用锥形瓶内壁把液滴靠下来（这时加入的是半滴溶液），用洗瓶吹洗锥形瓶内壁，摇匀。如此重复操作直至颜色变化半分钟内不消失为止，即可认为达到终点。

滴定结束后，滴定管内剩余的溶液应弃去，不要倒回原瓶中。然后依次用自来水、蒸馏水冲洗数次，倒立夹在滴定管架上。或者，洗后装入蒸馏水至刻度线以上，再用小烧杯或口径较粗试管倒盖在管口上，以免滴定管污染，便于下次使用。

5.3 微型聚四氟乙烯滴定管

为减少废液排放，保护环境，减少贵重试剂的用量，微型滴定分析逐步在实验教学中得到推广，由武汉大学化学与分子科学学院实验中心基础分析组研制的 WD-COII 型 3.000mL 微型聚四氟乙烯滴定管已被授予国家专利，专利号：ZL00230756.1。

图 5-9　微型滴定管

微型滴定管结构如图 5-9 所示。图中，1. 缓冲球，作用是防止滴定剂吸取过量而冲至洗耳球内和消除吸入刻度管内的气泡；2. 刻度管；3. 聚四氟乙烯旋塞；4. 塑料套管滴头。微型滴定管使用方法：①将滴定管固定在滴定台架上。②打开旋塞，用洗耳球抽取清洗液至刻度管内，反复挤压洗耳球，让清洗液不断上下抽动。洗完后，再用清水和蒸馏水洗净，如刻度管内的油污很多，可先用热的洗涤液抽洗或浸一段时间，再用清水洗。③加滴定液时，将滴定管滴液尖嘴插入盛滴定液的试剂瓶中，旋开活塞，用洗耳球吸取滴定液至玻璃球内，再放至"0"刻度线，旋紧活塞，套上塑料套管滴头。即可进行滴定操作。

5.4 移液管与吸量管

移液管是中间有一较大空腔的细长玻璃管，管颈上部刻有一标线，参见图 5-10（A），在标明的温度下，若使溶液的弯月面与移液管标线相切，再让溶液按一定的方法自由流出，则流出液的体积与管上标明的体积相同。因此，移液管是用于准确量取一定体积溶液的玻璃仪器。常用的移液管有 5、10、25 和 50mL

等规格。

　　吸量管是具有分刻度的玻璃管参见图 5-10（B）
（C）（D），供准确量取液体之用。常用的有 1、2、5 和
10mL 等规格。

　　移液管和吸量管的洗涤应严格要求不挂水珠，以免
影响所量液体的体积。除按一般玻璃仪器洗涤外（即铬
酸洗液浸洗，自来水冲洗，蒸馏水润洗），吸取时还必
须用所取溶液润洗 2~3 次，确保所取溶液浓度不变。

　　使用移液管时，左手拿洗耳球，右手拇指及中指拿

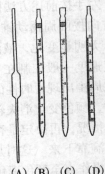

（A）（B）（C）（D）

图 5-10　移液管与吸量管

住移液管或吸量管的上端标线以上部位，使管下端伸入
液面约 1cm，不应伸入太深，以免外壁沾有过多液体。也不应伸入太浅，以免液
面下降时吸入空气。这时，左手用洗耳球轻轻吸上液体，眼睛注意管中液面上升
情况，移液管或吸量管则随容器中液体的液面下降而往下伸。当液体上升到刻度
标线以上时，迅速用食指堵住上部管口。将移液管从液体内取出，靠在容器壁
上，然后稍微放松食指，同时轻轻转动移液管（或吸量管），使标线以上的液体
流回去。当液面的弯月形最低点与标线相切时，按紧管口，使液体不再流出。取
出移液管移入准备接受液体的容器中，仍使其出口尖端接触器壁，让接受容器倾
斜而移液管保持直立。抬起食指，使液体自然的顺壁流下。待液体全部流尽后，
约等 15 秒，取出移液管（图 5-11）。这时管尖部位仍留有少量溶液，除特别注
明"吹"字的以外，一般此管尖部位留存的溶液不能吹入接受容器中。

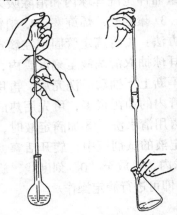

图 5-11　移液管移液操作

5.5　容量瓶

　　容量瓶是一种细颈梨形的平底玻璃瓶，带有玻璃磨口塞或塑料塞，如图
5-12 所示。颈上有标线，表示在所指温度（一般为 20℃）下，当液体充满到标
线时，液体体积恰好与瓶上所注明的体积相等。容量瓶是用来配制具有准确浓度

的溶液之用的，常用的有 50、100、250、500、1 000 mL 等规格。

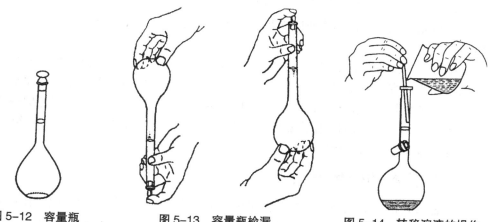

图 5-12　容量瓶　　　　　图 5-13　容量瓶检漏　　　　　图 5-14　转移溶液的操作

　　容量瓶在洗涤前应先检查一下瓶塞是否漏水。瓶中放入自来水，放到标线附近，盖好瓶塞，左手按住塞子，右手把持住瓶底边缘，把瓶子倒立 2 min，观察瓶塞有无漏水现象（图 5-13）。如不漏水，将瓶直立，转动瓶塞 180° 后，再倒立 2 min 检查，如不漏水，便可使用。

　　使用容量瓶时，不要将其磨口玻璃塞随便取下放在台面上，以免沾污，可将瓶塞系在瓶颈上。若瓶塞为平头塑料塞子，可将塞子倒置在台面上。

　　用容量瓶配制溶液时，最常用的方法是先称出固体试样于小烧杯中，加蒸馏水或其他溶剂将其溶解，然后将溶液定量转入容量瓶中。定量转移溶液时，右手拿玻璃棒，左手拿烧杯，使烧杯嘴紧靠玻璃棒，而玻璃棒则悬空伸入容量瓶口中，棒的下端应靠在瓶颈内壁上，使溶液沿玻璃棒和内壁流入容量瓶中（图 5-14）。待烧杯中的溶液流完后，将玻璃棒和烧杯稍微向上提起，并使烧杯直立，再将玻璃棒放回烧杯中。然后，用洗瓶吹洗玻璃棒和烧杯内壁，再将溶液转入容量瓶中。如此吹洗、转移的操作，一般应重复 3 次以上，以保证定量转移。然后加蒸馏水至容量瓶的 3/4 左右容积时，用右手食指和中指夹住瓶塞的扁头，将容量瓶拿起，朝同一方向摇动几周，使溶液初步混匀。继续加蒸馏水至距离标线刻度约 1 cm 处后，等 1~2 min 使附在瓶颈内壁的溶液流下来后，再用滴管滴加蒸馏水至弯月面下缘与标线刻度相切（注意：勿使滴管接触溶液。也可用洗瓶加蒸馏水至刻度）。无论溶液有无颜色，均加蒸馏水至弯月面下缘与标线刻度相切为止。加蒸馏水至标线刻度后，盖上干的瓶塞，用左手食指按住塞子，其余手指拿住瓶颈标线以上部分，而用右手的全部指尖托住瓶底边缘（图 5-13），将容量瓶倒转，使气泡上升到顶，同时可使瓶振荡以混匀溶液。再将瓶直立过来，又再将瓶倒转，使气泡上升到顶部，振荡溶液。如此反复 10 次左右。

如用容量瓶稀释溶液，应用移液管移取一定体积的溶液于容量瓶中，加蒸馏水至标线刻度，然后按上述方法混匀溶液。

容量瓶不能加热，热溶液应冷却至室温后，才能注入容量瓶中，否则会造成体积误差。

配好的溶液若需长期保存，应将其转移至磨口试剂瓶中，不要将容量瓶当作试剂瓶使用。容量瓶使用完毕应立即用水冲洗干净。如长期不用，在洗净擦干磨口后，用纸片将磨口隔开。此外，容量瓶不能在烘箱中烘烤，也不能在电炉等加热器上直接加热。如需使用干燥的容量瓶，可在洗净后用乙醇等有机溶剂荡洗，然后晾干或用电吹风的冷风吹干。

6. 几种仪器的使用方法

仪器分析能适应快速、准确和微量分析的要求，它的发展极为迅速。在化学分析和医学临床上应用愈来愈普遍。现介绍酸度计、分光光度计和渗透压计的使用方法。

6.1 酸度计

酸度计亦称 pH 计或离子计，是一种用来准确测定溶液中某离子活度的仪器。它主要由电极和电位差测量部分组成。当采用氢离子选择电极时可测定溶液的 pH，若采用其它的离子选择电极，则可以测量溶液中某相应离子的浓度（实为活度）。

6.1.1 基本原理

酸度计测 pH 值的方法是电位测定法。它除测量溶液的酸度外，还可以测量电池电动势（mV）。测量时用玻璃电极作指示电极，饱和甘汞电极（SCE）作参比电极，组成电池：

$$玻璃电极\,|\,待测\,pH\,溶液\,||SCE(+)$$

由于甘汞电极的电极电位不随溶液 pH 值变化，在一定温度下是一定值，而玻璃电极的电极电位随溶液 pH 值的变化而改变，所以它们组成的电池电动势也只随溶液的 pH 值而变化。玻璃电极（图 6-1）由 Ag-AgCl 电极、盐酸和特制的球型玻璃膜构成。将它插入待测溶液，其电极电位 φ_G 与溶液 pH 值有下列关系：

$$\varphi_G = \varphi_G^0 - \frac{2.303RT}{F}\,pH \qquad ①$$

其中 φ_G^0 为玻璃电极标准电位，R 为气体常数，T 为开尔文温标，F 为法拉第常数。饱和甘汞电极（SCE）（图 6-2）由汞、甘汞糊、饱和 KCl 溶液构成。一定温度下饱和 KCl 溶液的浓度为一定值，故饱和甘汞电极的电位也为一定值，298K 时为 0.2412V。将玻璃电极和饱和甘汞电极插入溶液组成原电池，电池的电动势为：

$$E = \varphi_{SCE} - \varphi_G = \varphi_{SCE} - \varphi_G^0 + \frac{2.303RT}{F}\,pH \qquad ②$$

图 6-1 玻璃电极
1. 玻璃薄膜 2. 玻璃外壳
3. Ag/AgCl 参比电极
4. 含 Cl^- 的缓冲溶液（一般
为 0.1mol·L^{-1}HCl 溶液）

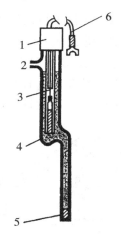

图 6-2 饱和甘汞电极
1. 绝缘帽 2. 加液口
3. 内电极 (Pt|Hg_2Cl_2, Hg)
4. 饱和 KCl 溶液 5. 多孔性物质
6. 导线

由上式可知，E 与 pH 呈线性关系。只要测得 E 便可求得 pH。由于 φ_G^0 通常是未知的，所以实际测定中应该用与待测溶液 pH 值相近的标准溶液定位。在原电池中标准溶液给出的电动势为：$E_S = \varphi_{SCE} - \varphi_G^0 + \dfrac{2.303RT}{F} pHs$ ③

待测溶液给出的电动势为：$E_X = \varphi_{SCE} - \varphi_G^0 + \dfrac{2.303RT}{F} pHx$ ④

上两式中 pHs 和 pHx 分别为标准溶液和待测溶液的 pH 值。两式相减，得 $pHx = \dfrac{(E_X - E_S)F}{2.303RT} + pHs$ ⑤

目前广泛使用的测 pH 的复合电极是由玻璃电极与 Ag/AgCl 外参比电极组合而来，它结构紧凑，比两支分离的电极用起来更方便，也不容易破碎（图 6-3）。复合 pH 电极在第一次使用或在长期停用后再次使用前应在 3mol·L^{-1}KCl 溶液中浸泡 24h 以上，使其活化。平时可浸泡在 3mol·L^{-1}KCl 溶液中保存。

用于校正酸度计的 pH 标准溶液一般为 pH 缓冲溶液。标准缓冲溶液应保存在盖紧的玻璃瓶或塑料瓶中，以免受空气中的 CO_2 或溶剂挥发等的影响。标准缓冲溶液一般在几周内可保持 pH 稳定不变。在校正时，应先用蒸馏水冲洗电极，并用滤纸轻轻吸干，以免沾污标准缓冲溶液及影响电极的响应速率（复合电极里面容易夹带水）。为了减少测量误差，应选用与待测溶液的 pH 相

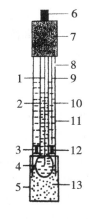

图 6-3 复合 pH 电极
1. Ag/AgCl 内参比电极
2. 0.1mol·L^{-1}HCl 溶液 3. 密封胶 4. 玻璃薄膜 5. 保护套 6. 导线 7. 密封塑料 8. 加液孔 9. Ag/AgCl 外参比电极 10. KCl 溶液 11. 聚碳酸酯外壳 12. 微孔陶瓷 13. KCl 溶液

近的 pH 标准缓冲溶液来校正酸度计。

6.1.2　pHS–3C 型酸度计

　　酸度计型号较多，目前实验室广泛使用的有 pHS–2 型、pHS–3B 型、pHS–3C 型和梅特勒 320–SpH 计等。它们的结构、功能和使用方法大同小异，下面简单介绍 pHS–3C 型酸度计的使用方法（如图 6–4）。

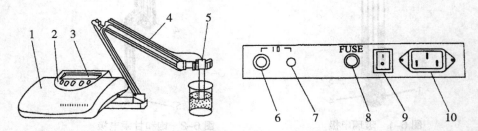

图 6–4　pHS–3C 型酸度计示意图（左：仪器外形结构，右：仪器后面板）
1. 机箱　2. 键盘（从左到右分别为:确认、温度、斜率、定位、pH/mV 键）　3. 显示屏　4. 多功能电极架　5. 电极　6. 测量电极插座　7. 参比电极插口　8. 保险丝　9. 电源开关 10. 电源插座

　　pHS–3C 型酸度计是一种精密数字显示 pH 计，其稳定性较好，操作较简便。测量溶液 pH 时的操作步骤如下：

　　（1）安装电极架和电极　将多功能电极架插入电极架插座中，把 pH 复合电极安装在电极架另一端，拔下电极下端的电极保护套，并且拉下电极上端的橡胶套使其露出上端校孔，再用蒸馏水清洗电极，用滤纸吸干电极底部的水。

　　（2）开机　将电源线插入电源插座，按下电源开关。电源接通后，预热 30 分钟，接下来进行校正。

　　（3）校正　按"pH/mV"键使 pH 指示灯亮，即进入 pH 测量状态；按"温度"键设定溶液温度，再按"确认"键。将清洗过的电极插入 pH=6.86 标准缓冲溶液中，待读数稳定后，按"定位"键，使仪器显示读数与该缓冲溶液在此温度下的 pH 一致，然后按"确认"键。用蒸馏水清洗电极，并用滤纸吸干存留在电极下端的水，再将其插入 pH 为 4.00 或 9.18 的标准缓冲溶液中，待读数稳定后，按"斜率"键使仪器显示读数为该缓冲溶液在此温度下的 pH，然后按"确认"键。仪器的校正到此完成，可进行 pH 的测量。需要注意的是，校正好后仪器的"定位"及"斜率"键不应再按。若不小心触动了这些键，则不要按"确认"键，而是按"pH/mV"键使仪器重新进入 pH 测量，这样就不需要再进行校正。一般情况下，每天校正一次即可。

　　（4）测量溶液的 pH　用蒸馏水清洗电极，用滤纸吸干（也可用待测溶液洗一次），将电极浸入被测溶液中，摇动烧杯，使溶液均匀，然后让溶液静置，待读数稳定后读出溶液的 pH。若被测溶液与用于校正的溶液的温度不同，则先按

"温度"键使仪器显示被测溶液的温度，再按"确认"键，再进行 pH 测量。

（5）还原仪器　测定完毕，关闭电源，洗净电极并套上电极保护套（内盛 3mol·L⁻¹KCl 溶液），盖上防尘罩，并进行仪器使用情况登记。

6.2　分光光度计

分光光度计分为红外、紫外－可见、可见分光光度计等几类，有时也称之为分光光度仪或光谱仪。可见分光光度计用于可见光吸光光度法测定，较普遍使用的有 721B 型、722 型和 7220 型，下面简单介绍 7220 型分光光度计。

6.2.1　分光光度计基本原理

分光光度计的基本原理是溶液中的物质在光的照射激发下，产生了对光吸收的效应。物质对光的吸收是具有选择性的，各种不同的物质都具有各自吸收光谱，因些当某单色光通过溶液时，其能量就会被吸收而减弱，光能量减弱的程度和物质的浓度、溶液的厚度有一定的比例关系，即符合朗伯－比尔定律。

$$T = I/I_0$$

$$\lg I_0/I = Kcl$$

$$A = Kcl$$

其中：T——透射比；　　　　I_0——入射光强度；

　　　　I——透射光强度；　　　A——吸光度；

　　　　K——吸收系数；　　　　l——溶液的光径长度；

　　　　c——溶液的浓度。

从以上公式可以看出，当入射光、吸收系数和溶液的光径长度不变时，透射光是随溶液的浓度而变化的，分光光度计就是根据上述物理光学现象而设计的。

6.2.2　7220 型分光光度计的结构

7220 型分光光度计采用寿命较长的钨灯作光源（W），由其发出的复合光经聚光镜、滤光片、保护片，汇聚在入射狭缝上，入射光被平面反射镜反射到准直镜后变成平行光束，再经光栅色散、准直镜聚焦、出射狭缝后，成为单色光。单色光由透镜汇聚，透过试样池，到达接受器光电管。光电管将光信号转变为电信号，电信号经放大器放大后，由转换器将模拟信号转换为数字信号，送往单片机处理，处理结果通过显示屏显示出来。使用者则通过键盘输入指令。图 6-5 为仪器的外形图，图 6-6 为操作键盘示意图。

6.2.3　使用方法

（1）仪器预热　接通电源，打开电源开关，推开试样室门（改进型不需打开，直接将试样池拉手推到底即可，此时，光被试样池架挡住），按"方式选择"，使"投射比（即 T）"灯亮，仪器显示数字即表示正常。然后让仪器预热 10 分钟左右。

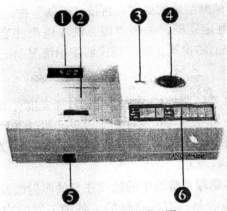

图 6-5 仪器的外形图

1. 显示窗 2. 样品室门 3. 波长显示窗 4. 波长调节旋钮 5. 样品池拉手 6. 仪器操作键盘

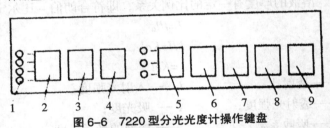

图 6-6 7220 型分光光度计操作键盘

1. 功能指示灯 2. 方式选择 3. 100.0%T，ABS0 4. 0%T 5. 选标样数 6. 置数加 7. 置数减 8. 确认 9. 打印

（2）测定透射比 调节波长旋钮至所需值，将装有参比溶液的比色皿置于试样池架中（注意：比色皿透明的面朝向入射光，手拿毛玻璃面），关上试样室门。将参比溶液拉至光路中，按"100.0%T"键，使其显示为"100.0"。打开试样室门，看显示屏是否显示 0.00，若不是则按"0%T"键，使其显示为"0.00"。重复此两项操作，直至仪器显示稳定。然后将待测溶液依次拉入光路，读取各溶液的透射比。注意每当改变波长时，都应重新用参比溶液校正投射比"0.00"和"100.0%"。

（3）测定吸光度 在用参比溶液调好 T"100.0%"和"0.00"后（如第 2步），按"方式选择"键，选择"ABS"，再将待测溶液依次拉入光路，在显示屏上读出各溶液的吸光度。通过测定标准溶液和未知溶液的吸光度，绘制 A-c 工作曲线，根据未知溶液的吸光度可从工作曲线上找出对应的浓度值。作图时应合理选取横坐标与纵坐标数据单位比例，使图形接近正方形，工作曲线位于对角线附近。

（4）浓度直读 在如（2）用参比溶液调好 T"100.0%"和"0.00"后，按"方式选择"，使"C_0"指示灯亮，将第 1 个标准溶液拉入光路，按"选标样点"至"1"亮，再按"置数加"或者"置数减"使显示屏显示该标准溶液的浓度值

（或其整数倍数值），按"确认"。再将第 2 个标准溶液拉入光路中，按"选标样点"至"2"亮，再按"置数加"或者"置数减"使显示屏显示该标准溶液的浓度值（或其同标准溶液 1 的整数倍数值），按"确认"。如此操作，可再将第 3 个标准溶液的浓度输入。然后将待测的未知溶液置光路中，按"方式选择"，使"conc."指示灯亮，显示屏即显示此溶液的浓度值（或其整数倍数值）。用这种方法，可在输入 1 个或 2 个标准溶液浓度后测未知溶液浓度。该仪器最多允许设 3 个标准溶液。

（5）还原仪器　仪器使用完毕，关闭电源，拔下电源插头，取出比色皿，洗净，使仪器复原。然后盖上防尘罩，并进行仪器使用情况登记。

6.3　FM-7J 型冰点渗透压计

FM 型冰点渗透压计（图 6-7）是用于测定溶液和各种体液渗透压或渗透摩尔浓度（osmolality）的仪器。在医学临床上，测定血清或血浆、尿液、胃液、脑脊液、唾液、汗液以及各种代血浆、注射液、透析液、婴儿饮料、电镜固定液、组织细胞培养液和保存液等溶液的渗透压。对于研究水盐代谢平衡，评价肾功能紊乱，监护糖尿病，观察 ADH 内分泌失调，了解创伤、烧伤、休克、大手术后等外科危急病情的变化以及对人工透析、输液疗法的监护和药物（尤其对中草药）的药理分析等，都有着重要意义。

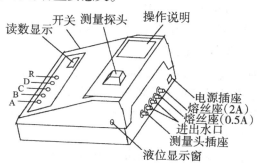

图 6-7　FM-7J 型冰点渗透压计示意图

FM 型渗透压计的工作原理是以冰点下降值与溶液的摩尔浓度成正比例关系为基础。采用高灵敏度的感温元件——半导体热敏电阻测量溶液的结冰点，通过电量转化为渗透压单位（mOsm/kg）而实现，读作每千克毫渗量。

被测样品的试管置于半导体制冷器中，由不冻液作为传导媒介使试管内的溶液冷却。半导体制冷器的吸热则吸收不冻液的热量使其降温，发热则由自来水冷却。

6.3.1　测量原理

为测定溶液的冰点温度，首先仪器要有能使样品温度下降的制冷装置，因此仪器有一套半导体制冷装置。不冻液作为冷媒，帮助传热，冷却水散去半导体制冷器热端的热量。同时根据拉乌尔冰点下降原理，为能够达到分辨 1 毫渗量的测量精度，仪器还有一套高精度的测温系统；为使液体在过冷后结晶，仪器还有一套过冷引晶装置。

我们已经知道仪器是通过测量溶液的冰点温度下降值来测定渗透压的，要达到能够符合拉乌尔冰点下降原理所直接定义的测温精度的要求，仪器必须通过对已知溶液浓度的测量对自身定标。FM-7J 型冰点渗透压计选择了 300mOsm/kg 和 800mOsm/kg 两个不同浓度的 NaCl 溶液作为定标液。具体测量过程如下：

（1）热敏电阻插入被测溶液，测量此溶液的冰点，将温度的变化转换为电信号，经电路处理后以 mOsm/kg 为单位直接在仪器面板上显示。

（2）半导体制冷器和相应的控制电路将不冻液的温度稳定控制在某一确定值上（如 -8℃），试管中的被测溶液在不冻液中温度下降，如果不冻液的温度过高或过低，将产生早冻或不冻现象。

（3）半导体制冷器的发热则由自来水冷却，冷却水进出口在仪器背后，仪器在未接通水源的情况下禁止通电，进水温度不得超过 35℃。

（4）在测量过程中，当样品温度达到冰点时，溶液并不立即发生结冰，在达到过冷温度（-6℃）时，仪器自动产生强振，作 1～2 秒的强振，使溶液释放出潜热而相变——液态转化为固态，并逐渐达到平衡点——即测量点。

（5）振棒的振幅与样品的成果测试有较大的关系，仪器要求振棒在振动时能打到试管壁，打不到管壁可能产生不冻。

（6）早冻和不冻都不能显示正常的测量结果。

6.3.2　仪器使用前的准备与调试

（1）在冷却槽内加入约 40ml 的不冻液，观察仪器右侧的液位观察孔，取一试管置于冷槽，用手推动时可见不冻液的液面有 2~3mm 的波动即可。不冻液不可多加或少加，过多容易溢入仪器内或溢入试管污染被测溶液，过少会延长样品测量时间，甚至会引起不冻。

（2）接上水管，打开冷却水，水流量在 0.5L·min⁻¹ 左右，水流量太大或水压过高的地方请注意勿使水管脱落引起自来水溅入仪器内部引起故障。

（3）接通电源，仪器进入等待状态，一起显示冷槽温度（—表示溢出），仪器经过约 20 分钟的预热，自动平衡在设定的控制温度点。

（4）调整时间

①按下 D，再按下 R，然后放开 R，最后放开 D。显示 YYMM，YY 表示年，MM 表示月。

②用 D 移位，B 加 1；A 减 1；调整年月后，把小数点放在最后一位上，按 C，显示 MMDD；MM 表示月，DD 表示日。

③用 D 移位；B 加 1；A 减 1；调整月日后，把小数点放在最后一位上，按 C，显示 HHMM；HH 表示时，MM 表示分。

④用 D 移位；B 加 1；A 减 1；调整时分后，把小数点放在最后一位上，按 C。

⑤时间调整完成后，按 R，退出。

（5）调整冷槽温度（一般将冷槽温度设定在 -8℃左右）

①按下 B，再按下 R，然后放开 R，最后放开 B，显示 L-XX，-XX 是原冷槽设定温度。

②用 D 移位，B 加 1；A 减 1；调整冷槽设定温度后（小数点必须在 X 和 X 之间），按 C，显示第一位 L 下出现一点，表示冷槽设定温度已存入机内。

③按 R，退出。

（6）调整测量头温度系数（不推荐用户随意使用，仅在更换热敏电阻后进行）

①按下 C，再按下 R，然后放开 R，显示"—"，提示把测量头放入冷槽，最后放开 C 显示 XXTT，XX 是冷槽温度，TT 是内部动态计时，…，当再显示"—"时，表示调整测量头温度系数工作已完成。（调整自动进行，但需要较长时间）。

②按 R，退出。

6.3.3　操作步骤

（1）仪器的定标

①按 C 键，显示 300■，表示定标 300mOs/kg（按 D 键.可选择定标 300mOs/kg 或 800mOs/kg）。

②在冷槽中放入定标液试管和测量头。

③按 B 键，样品温度逐渐下降，仪器显示样品温度的变化，在达到强振温度时仪器自动强振，当样品温度的变化达到所定义的渗透压值时仪器显示 300E（或 800E），表示定标完成。

④如要长期保存定标结果，按 C 键，显示 300P（或 800P），表示定标值已存入机内。

⑤按 D 键，可继续定标。如要退出定标，再按 A 键，显示■E■■，表示已退出定标，仪器显示将切换到冷槽温度。

⑥在定标过程中按 A 键，仪器可显示冷槽温度。

（2）样品的测量

①按 D 键显示 H■■■。

②放入被测样品试管和测量头。

③按 B 键，仪器显示样品温度的变化过程，在达到自动强振的温度时仪器自动强振，稍候即显示被测样品的渗透压值，在仪器显示渗透压值后即可取出测量头和试管。

④测量完成后按 A 键，仪器返回等待状态。

⑤在测量过程中按 C 键仪器可显示冷槽温度。

（3）仪器在等待状态，按 B 键显示当前日期，按 A 键显示当前时间。

（4）电网电压的不稳定可能会干扰影响仪器程序的运行，如发生显示长时间呆滞不动，可能发生死机，可按 R 键，使仪器返回等待状态。

6.3.4　注意事项

（1）早冻　早冻即在尚未强振前样品已自行冻结。从样品早冻温度曲线可见，在样品温度连续下降过程中，样品在其固有的结冰点温度附近徘徊，这一现象在面板显示上也可看到。发生早冻的原因大致有以下几种：

①冷槽中不冻液温度偏低，或被测样品的渗透压太低，需重新设定冷槽温度。

②试管不清洁或有杂质，在做重复测试时，前次测试结束后如未将冰化完便再次测试就会早冻。

③仪器在有振动的环境下测试样品也容易引起早冻。

（2）不冻　不冻即在强振后样品不能冻结。这一现象在面板上的显示为溢出标志（—）。发生不冻的原因大致有以下几种：

①冷槽中不冻液温度偏高，或被测样品渗透压太高。需重新设定冷槽温度或需稀释被测样品。

②强振幅度太小，振棒在振动过程中打不到试管壁，由此需要通过调整扳动振棒，使其能够达到要求。

③被测样品如有气泡也会产生不冻。

（3）仪器在搬动过程中必须抽出不冻液。关机停用时在冷槽内置一空试管。

6.4　克曼贝温度计

6.4.1　构造原理

贝克曼（Beckmann）温度计是精密测量温度差值的温度计，其构造如图 6-8 所示。水银球与贮汞槽由均匀的毛细管连通，其中除水银外是真空。刻度尺上的刻度一般只有 5℃或 6℃，最小刻度为 0.01，可以估计到 0.001℃。贮汞槽是用来调节水银球内的水银量的。借助贮汞槽调节，可用于测量介质温度在 −20~ +155℃范围内变化不超过 5℃或 6℃的温度差。贮汞槽背后的温度标尺只是粗略地表示温度数值，即贮汞槽中的水银与水银球中的水银相连时，贮汞槽中水银面所在的刻度就表示温度的粗略值。因为水银球中的水银量是可以调节的，因此贝克曼温度计不能来准确测量温度的绝对值。例如，刻度尺上 1° 并不一定是 1℃，可能代表 5℃、74℃等。贝克曼温度计由薄玻璃制成，比一般水银温度计长得多，易受损坏，破损后贮汞槽中的大量汞暴露于空气中易造成污染。数字贝克曼温度计逐渐代替了传统的贝克曼温度计。数字贝克曼温度计如图 6-9，其技术参数如下：

SWC-ⅡC 数字贝克曼温度计技术指标：

＊温度测量和温差基温范围：–50～+150℃（可扩展至±199.99℃）

＊温度分辨率：0.01℃

＊温差分辨率：0.001℃

＊温差测量范围：±19.999℃

＊输出：BCD 码或 RS232C 串行口

数字贝克曼温度计用温感探头代替原来的水银温度计，在电子显示屏上直接显示温度值，易于操作。

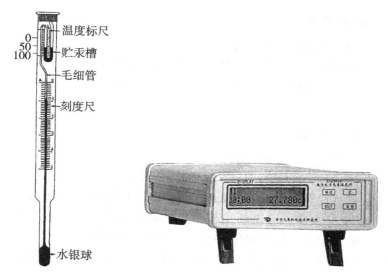

图 6-8　传统贝克曼温度计　　　　　　图 6-9　数字贝克曼温度计

第二部分　实验

实验 1　硫酸亚铁铵的制备

一、实验目的

1. 了解制备复盐的一般方法。
2. 练习水浴加热、蒸发、结晶、常压过滤和减压过滤等基本操作。
3. 了解吸量管和比色管的使用，熟悉目视比色法检验产品中微量杂质的分析法。

二、实验原理

铁能溶于稀硫酸生成硫酸亚铁：

$$Fe+H_2SO_4（稀）=FeSO_4+H_2\uparrow$$

通常亚铁盐在空气中容易被氧化，例如 $FeSO_4$ 在中性溶液中能被溶于水中的少量氧气氧化并水解，甚至析出棕黄色的碱式硫酸铁或氢氧化铁沉淀，若在 $FeSO_4$ 溶液加入等物质的量的 $(NH_4)_2SO_4$，制得混合溶液，然后加热蒸发浓缩，冷至室温，即能析出浅蓝绿色复盐硫酸亚铁铵 $FeSO_4\cdot(NH_4)_2SO_4\cdot6H_2O$ 的晶体。反应如下：

$$FeSO_4 + (NH_4)_2SO_4 + 6H_2O = FeSO_4\cdot(NH_4)_2SO_4\cdot6H_2O$$

复盐硫酸亚铁铵六水合物晶体则比较稳定，不容易被空气氧化，该晶体称为摩尔盐，在分析化学中 $FeSO_4\cdot(NH_4)_2SO_4\cdot6H_2O$ 被选作氧化还原滴定法的一级标准物质，用于配制亚铁离子标准溶液。如果溶液的酸性减弱，则亚铁盐的水解度将会增大，在制备 $FeSO_4\cdot(NH_4)_2SO_4\cdot6H_2O$ 的过程中，为了使 Fe^{2+} 不被氧化和水解，溶液需要保持足够的酸度。

三、主要仪器试剂

电子天平，水浴锅，水泵，蒸发皿，布氏漏斗，滤纸，吸滤瓶，电炉，石棉网，锥形瓶（250mL），量筒（50mL、10mL），容量瓶（100mL），玻璃漏斗，烧杯（250mL），比色管（25mL），吸量管（1mL、2mL、5mL），pH 试纸。

$1mol\cdot L^{-1}$（10.6%）Na_2CO_3，$3mol\cdot L^{-1}H_2SO_4$，$3mol\cdot L^{-1}HCl$，$(NH_4)_2SO_4$（固）、$1mol\cdot L^{-1}KSCN$，95%乙醇，去氧蒸馏水，铁片或铁屑，$2mol\cdot L^{-1}Cu(NO_3)_2$，冰块，$0.1g\cdot L^{-1}Fe^{3+}$ 标准溶液（准确称取 0.8634g 的 $NH_4Fe(SO_4)_2\cdot12H_2O$ 溶于水中，加入浓

硫酸 2.5mL，定量转移到 1 000mL 容量瓶中，用水稀释至刻度，充分摇匀）。

四、实验步骤

1. 硫酸亚铁的制备

方法一：用电子天平称取 4g 铁片或铁屑，放入 250mL 锥形瓶中加入 $1mol \cdot L^{-1}Na_2CO_3$ 溶液 20mL，放在电炉上加热煮沸，用倾滗法倾出碱液，用蒸馏水把碎铁片或铁屑洗至中性。

在盛有处理过的碎铁片或铁屑的锥形瓶中，加入 20mL $3mol \cdot L^{-1}H_2SO_4$ 溶液，在 80℃ 水浴中加热，使 Fe 与 H_2SO_4 充分反应，在加热过程中注意补充蒸发掉的水分，防止 $FeSO_4$ 结晶。待反应速度明显减慢（无气泡冒出，大约需 30min 左右），趁热减压过滤，滤液承接于蒸发皿中，用少量热蒸馏水洗涤滤纸上的固体，用 2mL $3mol \cdot L^{-1}H_2SO_4$ 洗涤未反应完的 Fe 和残渣，洗涤液合并至反应液中。未反应完的铁片用碎滤纸吸干后称重，计算已参加反应的 Fe 的质量。

方法二：称取 2g 铁粉置于 250mL 锥形瓶中，加入 $3mol \cdot L^{-1}H_2SO_4$ 溶液 20mL，放在水浴中或电炉上小火加热（80℃ 左右），加热过程中应注意补充蒸发掉的水分，保持溶液体积基本不变。直至反应基本无气泡冒出时（约 30 分钟），趁热过滤，滤液承接于蒸发皿中，用少量热水洗涤锥形瓶和滤纸上的残渣，并保持滤液的 pH 值在 1.0 左右。根据反应中加入的铁粉的量，计量出 $FeSO_4$ 的理论产量。

2. 硫酸亚铁铵的制备

根据反应中消耗 Fe 的质量或者生成 $FeSO_4$ 的理论产量，大约按照 $FeSO_4$ 与 $(NH_4)_2SO_4$ 的质量比为 $1：0.8$ 计算制备 $FeSO_4 \cdot (NH_4)_2SO_4 \cdot 6H_2O$ 所需 $(NH_4)_2SO_4$ 的理论量，将其配成饱和溶液加到 $FeSO_4$ 溶液中，混合均匀，并用 $3mol \cdot L^{-1}H_2SO_4$ 溶液调节混合溶液的 pH 值为 $1.0 \sim 2.0$，将该溶液置于水浴中或小火加热蒸发至溶液表面出现晶膜为止（蒸发、浓缩过程不宜搅拌）。静置使其自然冷却至室温，得到浅蓝绿色的 $FeSO_4 \cdot (NH_4)_2SO_4 \cdot 6H_2O$ 晶体。减压过滤，再用少量 95% 乙醇淋洗晶体两次，将液体尽量抽干，然后用滤纸吸干晶体，再转移到表面皿上，称重，计算产率。

3. 产品检验 –Fe^{3+} 的限量检查

（1）Fe^{3+} 标准溶液的配制　依次取 $0.1g \cdot L^{-1}Fe^{3+}$ 的标准溶液 0.50mL，1.00mL，2.00mL，分别置于 25mL 比色管中，各加 1.00mL $3mol \cdot L^{-1}$ H_2SO_4 和 1.00mL $1mol \cdot L^{-1}KSCN$ 溶液，用蒸馏水稀释至刻度，摇匀。三只比色管中分别含 Fe^{3+}0.05mg（符合 I 级试剂），0.10mg（符合 II 级试剂），0.20mg（符合 III 级试剂）。

（2）Fe^{3+} 的限量检查　称 1.00g 产品，放入 25mL 比色管中，加 15.00mL 去氧蒸馏水溶解。加入 1.00mL $3mol \cdot L^{-1}H_2SO_4$ 和 1.00mL $1mol \cdot L^{-1}KSCN$ 溶液，加入去氧蒸馏水至刻度，摇匀，与标准溶液进行比较，根据目视比色的结果，确定产品中

Fe^{3+} 含量所对应的级别。

附注：

①铁屑反应时应全部浸没在 20mL $3mol \cdot L^{-1} H_2SO_4$ 溶液中，同时不要剧烈摇动锥形瓶，以防止铁暴露在空气中氧化。

②去氧蒸馏水的制备　取一定的蒸馏水于锥形瓶中，小火加热煮沸约 10min，冷却后即可使用。

五、思考讨论题

1. 制备硫酸亚铁铵时，溶液为什么必须保持较强的酸性？

2. 能否将最后产物 $FeSO_4 \cdot (NH_4)_2SO_4 \cdot 6H_2O$ 直接在蒸发皿内加热、干燥？为什么？

3. 检验产品 Fe^{3+} 含量时，为什么要用去氧蒸馏水溶解样品？

六、数据记录及处理结果

表 1-1　硫酸亚铁铵产出率及误差分析

样品量 $m(Fe) \cdot g^{-1}$	反应消耗量 $m(Fe) \cdot g^{-1}$	试剂用量 $m[(NH_4)_2SO_4] \cdot g^{-1}$	$FeSO_4 \cdot (NH_4)_2SO_4 \cdot 6H_2O$		$w\%$
			$m_{理} \cdot g^{-1}$	$m_{实} \cdot g^{-1}$	

误差原因分析

表 1-2　硫酸亚铁铵的检验及目视比色法级别分析

Fe^{3+} 标准溶液级别	1	2	3
Fe^{3+} 标准溶液 $\rho /mg \cdot L^{-1}$			
Fe^{3+} 标准溶液颜色			
产品溶液颜色			
结论			

实验 2　由粗食盐制备试剂级氯化钠

一、实验目的

1. 通过粗食盐提纯，了解盐类溶解度知识在无机物提纯中的应用，学习中间控制检验方法 [1]。

2. 练习有关的基本操作：离心、过滤、蒸发、pH 试纸的使用、无水盐的干燥等。

3. 学习用目视比浊法进行限量分析 [2]。

二、实验原理

生理学或临床上常用的生理盐水（normal saline，NS）指浓度为 0.9% 的氯化钠水溶液。生理盐水因与血液具有相等的渗透压，钠的含量也与血浆相近，因而在临床上用于补液和伤口洗涤，同时还有杀菌和消毒的功效。生理盐水的配制是利用医用级的 NaCl 与水配成所需浓度的溶液，然后将溶液消毒杀菌即可使用。

氯化钠（NaCl）由粗食盐提纯而得。一般粗盐中含有泥沙等不溶性杂质及 SO_4^{2-}、Ca^{2+}、Mg^{2+} 和 K^+ 等可溶性杂质。氯化钠的溶解度随温度的变化很小，不能用重结晶的方法纯化，而需用化学法处理，使可溶性杂质都转化成难溶物，过滤除去。此方法的原理是：利用稍过量的氯化钡与氯化钠中的 SO_4^{2-} 反应转化为难溶的硫酸钡；再加碳酸钠与 Ca^{2+}、Mg^{2+} 及没有转变为硫酸钡的 Ba^{2+}，生成碳酸盐沉淀，过量的碳酸钠会使产品呈碱性，将沉淀过滤后加盐酸除去过量的 CO_3^{2-}，有关化学反应式如下：

$$Ba^{2+}+SO_4^{2-}=BaSO_4\downarrow$$

$$Ca^{2+}+CO_3^{2-}=CaCO_3\downarrow$$

$$2Mg^{2+}+2OH^-+CO_3^{2-}=Mg_2(OH)_2CO_3\downarrow$$

$$CO_3^{2-}+2H^+=CO_2\uparrow+H_2O$$

至于用沉淀剂不能除去的其他可溶性杂质，如 K^+，在最后的浓缩结晶过程中，绝大部分仍留在母液内，而与氯化钠晶体分开，少量多余的盐酸，在干燥氯

---

1. 在提纯过程中，取少量清液，滴加适量指示剂，以检查某种杂质是否除尽，这种做法称为"中间控制检验"。

2. "限量分析"的定义：将成品配成溶液与标准溶液进行比色或比浊，以确定杂质含量范围。如果成品溶液的颜色或浊度不深于标准溶液，则杂质含量低于某一规定的限度，这种分析方法称为限量分析。

化钠时,以氯化氢形式逸出。

三、主要仪器及试剂

电子天平、电炉、离心机、离心管、抽滤瓶、布氏漏斗、水泵、烧杯 (100mL、250mL)、漏斗、玻璃棒、蒸发皿 (无柄、有柄)、滤纸、石棉网、pH 试纸。

粗食盐、$0.5mol \cdot L^{-1}BaCl_2$、$0.5mol \cdot L^{-1}Na_2CO_3$、$2mol \cdot L^{-1}HCl$。

四、实验步骤

1. 溶盐

用烧杯称取 10g 食盐,加水 40mL。加热搅拌使盐溶解,用常压过滤除去溶液中的少量不溶性杂质。

2. 化学处理

(1) 除去 SO_4^{2-} 将除去不溶物的食盐溶液加热至沸,用小火维持微沸。边搅拌边逐滴加入 $0.5mol \cdot L^{-1}BaCl_2$ 溶液,要求将溶液中全部的 SO_4^{2-} 都变成 $BaSO_4$ 沉淀,记录所用 $BaCl_2$ 溶液的量。因 $BaCl_2$ 的用量随粗盐来源不同而异,应通过实验确定最少用量。否则,为了除去有毒的 Ba^{2+},要浪费试剂和时间,因此,需要进行中间控制检验,其方法如下:

取离心管两支,各加入约 2mL 溶液,离心沉降后,沿其中一支离心管的管壁滴入 3 滴 $BaCl_2$ 溶液,另一支留作比较。如无混浊产生,说明已沉淀完全,若清液变浑,需要再往烧杯中加适量的 $BaCl_2$ 溶液,并将溶液煮沸。如此操作,反复检验、处理,直至沉淀完全为止。检验液未加其他药品,观察后可倒回原溶液中。

常压过滤,过滤时,不溶性杂质及 $BaSO_4$ 沉淀尽量不要倒至漏斗中。

(2) 除去 Ca^{2+}、Mg^{2+}、Ba^{2+} 将滤液加热至沸,用小火维持微沸。边搅拌边逐滴加入 $0.5mol \cdot L^{-1}Na_2CO_3$ 溶液 (如上法,通过实验确定用量) Ca^{2+}、Mg^{2+}、Ba^{2+} 转变为难溶的碳酸盐或碱式碳酸盐沉淀。

确证 Ca^{2+}、Mg^{2+}、Ba^{2+} 已沉淀完全后,进行第二次常压过滤(用蒸发皿收集滤液)。记录 Na_2CO_3 溶液的用量。整个过程中,应随时补充蒸馏水,维持原体积,以免 NaCl 析出。

(3) 除去多余的 CO_3^{2-} 往滤液中滴加 $2mol \cdot L^{-1}$ 盐酸,搅匀,使溶液的 pH=3~4,记录所用盐酸的体积。溶液经蒸发后,转化为 CO_2 逸出。

3. 蒸发、干燥

(1) 蒸发浓缩,析出纯 NaCl 将用盐酸处理后的溶液蒸发,当液面出现晶体时,改用小火并不断搅拌,以免溶液溅出。蒸发后期,再检查溶液的 pH 值 (此时暂时移开电炉),必要时,可加 1~2 滴 $2mol \cdot L^{-1}$ 盐酸,保持溶液微酸性

（pH 值约为 6）。当溶液蒸发至稀糊状时（切勿蒸干！）停止加热。冷却后，减压过滤，尽量将 NaCl 晶体抽干。

（2）干燥　将 NaCl 晶体放入有柄蒸发皿中，在石棉网上用小火烘炒，应不停地用玻璃棒翻动，以防结块。待无水蒸气逸出后，再用大火烘炒数分钟。得到的 NaCl 晶体应是洁白、松散的。放冷，在电子天平上称重，计算收率。

4. 产品检验　根据中华人民共和国国家标准（简称国标）GB1266—77，试剂级氯化钠的技术条件为：①氯化钠含量不少于 99.8%；②水溶液反应合格；③杂质最高含量中的标准为（以重量%计）：见表 2-1

表 2-1

规格	优级纯（一级）	分析纯（二级）	化学纯（三级）
含量(mg)	0.001	0.002	0.005

（1）氯化钠含量的测定　用减量法称取 0.15g 干燥恒重的样品，称准至 0.0002g，溶于 70mL 水中，加 10mL1% 的淀粉溶液，在摇动下用 0.1000mol·L^{-1}AgNO$_3$ 标准溶液避光滴定，接近终点时，加 3 滴 0.5% 的萤光素指示剂，继续滴定至乳液呈粉红色。

（2）水溶液反应　称取 5g 样品，称准至 0.01g，溶于 50mL 不含二氧化碳的水中，加 2 滴 1% 酚酞指示剂，溶液应无色，加 0.05mL 0.10mol·L^{-1} 氢氧化钠溶液，溶液呈粉红色。

（3）用比浊法检验 SO$_4^{2-}$ 的含量　在小烧杯中称取 3.0g 产品，用少量蒸馏水溶解后，完全转移到 25mL 比色管中，再加 3mL 2mol·L^{-1} 盐酸和 3mL 0.5mol·L^{-1} 的 BaCl$_2$ 溶液，加蒸馏水稀释至刻度，摇匀，静置 5min 后与标准溶液进行比浊。根据溶液产生混浊的程度，确定产品中杂质含量所达到的等级。标准溶液实验室已配好（表 2-2），比浊时摇匀，将自制溶液与标准溶液进行浑浊度比较，以确定样品的等级。

表 2-2　试剂级氯化钠溶液杂质含量比浊用标准溶液

规格	一级	二级	三级
含量(mg)	0.03	0.06	0.15

比色或比浊时应注意：

1）待测溶液与标准溶液产生颜色或浊度的实验条件要一致。

2）所用比色管的玻璃质料、形状、大小要一样，比色管上指示溶液体积的刻度位置要相同。

3）比色时，将比色管的塞子打开，从管口垂直向下观察，这样观察液层比从比色管侧面观察的液层要厚得多，能提高观察的灵敏度。

五、思考讨论题

1. 人体用生理盐水的浓度为多少？如需用 100mL 水配制人体用生理盐水，其具体配制方法如何？生理盐水中除加入 NaCl 外，还用哪些配方？

2. 溶盐的水量过多或过少有何影响？

3. 为什么选用 $BaCl_2$、Na_2CO_3 作沉淀剂？为什么除去 CO_3^{2-} 要用 HCl 而不用其他强酸？

4. 为什么先加 $BaCl_2$ 后加 Na_2CO_3？为什么要将 $BaSO_4$ 除掉才加 Na_2CO_3？什么情况下 $BaSO_4$ 会转化为 $BaCO_3$？

六、数据记录及处理结果

表 2-3　由粗食盐制备试剂级氯化钠

记录项目	数据记录
粗盐的质量 /g	
所用 $0.5mol·L^{-1}BaCl_2$ 溶液体积 /mL	
所用 $0.5mol·L^{-1}Na_2CO_3$ 溶液体积 /mL	
所用 $2mol·L^{-1}HCl$ 溶液体积 /mL	
NaCl 晶体的质量 /g	
收率 /%	
样品等级	

实验 3 碳酸钠的制备及含量的测定

一、实验目的

1. 了解工业制碱法的反应原理。
2. 学习用双指示剂法测定碳酸钠和碳酸氢钠混合物的原理和方法。
3. 学会用参比溶液确定终点的方法。

二、实验原理

本实验由氯化钠和碳酸氢铵制备碳酸钠和氯化铵，其反应方程式为：

$$NH_4HCO_3 + NaCl = NaHCO_3 + NH_4Cl \tag{1}$$

$$2NaHCO_3 \triangleq Na_2CO_3 + H_2O + CO_2\uparrow \tag{2}$$

反应（1）实际上是水溶液中离子的相互反应，在溶液中存在着 NaCl、NH$_4$HCO$_3$、NaHCO$_3$ 和 NH$_4$Cl 四种盐，是一个复杂的四元体系。它们的溶解度是相互影响的。本实验可根据它们的溶解度（表 3-1）和碳酸氢钠在不同温度下的分解速度来确定制备碳酸钠的条件。当温度超过 35℃，NH$_4$HCO$_3$ 就开始分解，所以反应温度不能超过 35℃；但温度太低又影响了 NH$_4$HCO$_3$ 的溶解度，故反应温度又不宜低于 30℃。另外从表中还可以看出 NaHCO$_3$ 在 30~35℃温度范围内的溶解度在四种盐中是最低的，所以当使研细的固体 NH$_4$HCO$_3$ 溶于浓的 NaCl 溶液中，在充分搅拌下，就析出 NaHCO$_3$ 晶体。即反应温度控制在 32 ~ 35℃之间，碳酸氢钠加热分解的温度控制在 300℃。

表 3-1　几种盐的溶解度（g/100g 水）

	0℃	10℃	20℃	30℃	40℃	50℃	60℃	70℃	80℃	90℃	100℃
NaCl	35.7	35.8	36.0	36.3	36.6	37.0	37.3	37.8	38.4	39.0	39.88
NH$_4$HCO$_3$	11.9	15.3	21.0	27.0	–	–	–	–	–	–	–
NaHCO$_3$	6.9	8.15	9.6	11.1	12.7	14.5	16.4	–	–	–	–
NH$_4$Cl	29.4	33.3	37.2	41.4	45.8	50.4	55.2	60.2	65.6	71.3	77.3

由于所制得的碳酸钠还会有其他成分，如 NaHCO$_3$ 等，欲测定同一份试样中各组分的含量，可用盐酸标准溶液滴定，根据滴定过程中 pH 值变化的情况，选用两种不同的指示剂分别指示第一、第二化学计量点的到达，常称为"双指示剂法"。

在 NaCO$_3$ 和 NaHCO$_3$ 的混合溶液中滴加 HCl 溶液时，首先发生下列反应：

$$Na_2CO_3 + HCl = NaHCO_3 + NaCl$$

达到第一化学计量点时，溶液的 pH 值为 8.32，滴定以酚酞做指示剂。由于酚酞变色（即由红色变为无色）不很敏锐，人眼观察这种颜色变化的灵敏性稍差些，滴定误差较大。因此，常用参比溶液[1]作对照，以提高分析的准确性。此时，滴定体积记为 V_1。继续用 HCl 溶液滴定，发生如下反应：

$$NaHCO_3 + HCl = H_2CO_3 + NaCl$$

达到第二化学计量点时，溶液的 pH 值为 3.89，可用甲基橙为指示剂。此时滴定体积为 V_2。

工业上纯碱的总碱度常用 Na_2CO_3 或 Na_2O 的质量分数表示。

三、主要仪器及试剂

电子天平、恒温水浴锅、马弗炉或微波炉、分析天平、水泵、吸滤瓶、布氏漏斗、玻璃棒、研钵、滤纸、蒸发皿、酸式滴定管（50mL）、烧杯（100mL）、锥形瓶（250mL）、容量瓶（250mL）、移液管（25mL）、洗瓶

氯化钠（固体）、碳酸氢铵（固体）、浓盐酸、乙醇、无水 Na_2CO_3 基准物质、硼砂基准物质、酚酞指示剂、甲基橙指示剂

四、实验步骤

1. 碳酸钠的制备

称取经提纯的氯化钠 6.25g，置入 100mL 烧杯中，加蒸馏水配制成 25% 的溶液。在水浴上加热，控制温度在 30～35℃，在搅拌的情况下分次加入 10.5g 研细的碳酸氢铵，加完后继续保温并不时搅拌反应物，使反应充分进行 0.5h 后，静置，抽滤得碳酸氢钠沉淀，并用少量水或乙醇洗涤 2 次，再抽干，称重。将抽干的碳酸氢钠置入蒸发皿中，在马弗炉内控制温度为 300℃灼烧 1h，或放在 850W 微波炉内，将火力选择旋钮调至最高档加热 20min，取出后，冷却至室温，称重，计算产率。

2. 0.1mol·L⁻¹HCl 溶液的标定

（1）以无水 NaCO₃ 基准物质标定　用差减称量法准确称取 0.15～0.20g 无水 NaCO₃ 基准物质 3 份，分别置于 250mL 锥形瓶中，加入 20～30mL 蒸馏水使之溶解，滴加甲基橙指示剂 1～2 滴，用待标定的 HCl 溶液滴定，溶液由黄色变为橙色即为终点。记录下滴定体积并计算 HCl 溶液的浓度。

（2）以硼砂 $Na_2B_4O_7·10H_2O$ 标定　用差减称量法准确称取 0.4～0.6g 硼砂 3 份，分别置入 250mL 锥形瓶中，加水 50mL 使之溶解后[2]，加入 2 滴甲基红指示剂，用待标定的 HCl 溶液滴定溶液至黄色恰好变成浅红色，即为终点。记录下滴

---

1. 参比溶液是根据化学计量点时溶液的组成、浓度、体积和指示剂量专门配制的溶液，或者是化学计量点时溶液的 pH 值、体积和指示剂量相同的缓冲溶液。

2. 硼砂在 20℃，100g 水中可溶解 5g，如温度太低，有时不易溶解，可适量地加入温热的水，加速溶解。但滴定时一定要冷却至室温。

定体积并计算 HCl 溶液的浓度。

3. 产品含量的测定

准确称取约 2g 产品于干燥烧杯中，加少量蒸馏水使其溶解（必要时可稍加热）。待溶液冷却后，定量转移至 250mL 容量瓶中，加水稀释至刻度，摇匀。

用移液管移取 25.00mL 上述溶液于 250mL 锥形瓶中，加酚酞指示剂 2～3 滴，用 HCl 标准溶液滴定至溶液由红色褪至无色，即为终点。记下所消耗 HCl 标准溶液体积 V_1（mL）。在上述溶液中加入 1～2 滴甲基橙指示剂，将酸式滴定管中 HCl 溶液调至 0.00 刻度后，继续用 HCl 溶液滴定到溶液由黄色变至橙色[3]，记录所消耗 HCl 溶液体积 V_2（mL）。平行测定三次，按下式计算产品的含量。

$$Na_2CO_3\% = \frac{c_{HCl} \times V_1 \times \frac{M_{Na_2CO_3}}{1000}}{w} \times 100\%$$

$$NaHCO_3\% = \frac{c_{HCl} \times (V_2 - V_1) \times \frac{M_{NaHCO_3}}{1000}}{w} \times 100\%$$

式中：$M_{Na_2CO_3}$ 为 Na_2CO_3 的摩尔质量、M_{NaHCO_3} 为 $NaHCO_3$ 的摩尔质量、w 为待测产品质量。

五、思考题

1. 若样品为 NaOH 和 Na_2CO_3 的混合物，应如何测定其含量？

2. 测定混合碱，接近第一化学计量点时，若滴定速度太快，摇动锥形瓶不够，致使滴定液 HCl 局部过浓，会对测定造成什么影响？为什么？

3. 标定 HCl 的基准物质无水 Na_2CO_3 如保存不当，吸有少量水分，对标定 HCl 溶液浓度有何影响？

六、数据记录及结果处理

表 3-2　HCl 溶液的标定

编号	1	2	3
$m_{基}$/g			
V_{HCl}/mL			
c_{HCl}/mol·L^{-1}			
c_{HCl} 平均值 /mol·L^{-1}			

---

3. 接近化学计量点时应剧烈摇动溶液，以免形成 CO_2 过饱和溶液而使终点提前。

续表

编号	1	2	3
相对偏差 /%			
平均相对偏差 /%			

表 3-3　产品含量测定

编号	1	2	3
V_1/mL			
Na_2CO_3%			
Na_2CO_3%的平均值			
Na_2CO_3%相对偏差 /%			
Na_2CO_3%平均相对偏差 /%			
V_2/mL			
$NaHCO_3$%			
$NaHCO_3$%的平均值			
$NaHCO_3$%相对偏差 /%			
$NaHCO_3$%平均相对偏差 /%			

实验4 凝固点降低法测定分子量

一、实验目的

1. 加深对稀溶液依数性的理解。
2. 熟悉凝固点降低法测定非电解质——葡萄糖分子量的原理和方法。

二、实验原理

物质的分子量是一个重要的物理常数，其测定方法有许多种。凝固点降低法测定物质的分子量是一个简单而比较准确的测定方法，在实验和溶液理论的研究方面都具有重要意义。

当稀溶液冷却凝固析出纯固体溶剂时，则溶液的凝固点低于纯溶剂的凝固点，其降低值与溶液的质量摩尔浓度成正比。即

$$\Delta T = T_f^0 - T_f = K_f m_B \qquad (1)$$

式中：T_f^0 为纯溶剂的凝固点；T_f 为溶液的凝固点；m_B 为溶液中溶质 B 的质量摩尔浓度；K_f——溶剂的质量摩尔凝固点降低常数，它的数值仅与溶剂的性质有关。表 4-1 给出了部分溶剂的凝固点降低常数值。

表 4-1 几种溶剂的凝固点降低常数值

溶剂	水	醋酸	苯	环己烷	环己醇	三溴甲烷	萘
T_f^0 / K	273.15	289.75	278.65	279.65	297.05	280.95	383.5
$K_f / (K \cdot kg \cdot mol^{-1})$	1.86	3.90	5.12	20	39.3	14.4	6.9

若称取一定量的溶质 W_B（g）和溶剂 W_A（g），配成稀溶液，则此溶液的质量摩尔浓度 m_B 为：

$$m_B = \frac{W_B}{M_B \cdot W_A} \times 10^3 \qquad (2)$$

式中，M_B 为溶质的分子量。将(2)式代入(1)式，整理得：

$$M_B = K_f \frac{W_B}{\Delta T \cdot W_A} \times 10^3 \qquad (3)$$

若已知某溶剂的凝固点降低常数 K_f 值，通过实验测定此溶液的凝固点降低值 ΔT，即可计算溶质的分子量 M_B。凝固点降低常数 K_f 值可查找各种化学手册。

本实验的关键之一是准确测定溶液的凝固点的变化（ΔT）。通常测凝固点的方法是将溶液逐渐冷却，但冷却到凝固点，并不析出晶体，往往成为过冷溶液。然后通过搅拌或加入晶种促使溶剂结晶，由于结晶放出凝固热，体系温度回升，

当放热与散热达到平衡时，温度不再改变。此固液两相共存的平衡温度即为溶液的凝固点。但过冷太厉害或致冷剂温度过低，则凝固热抵偿不了散热，此时温度不能回升到凝固点，在温度低于凝固点时完全凝固，就得不到正确的凝固点。因此，在测定过程中必须设法控制过冷程度。通常情况下，通过调节致冷剂的温度和搅拌速度等方法使致冷剂温度不低于溶液凝固点温度 0.2 ~ 0.5℃。

对于溶液而言，除温度外，还有溶液浓度的影响。当溶液凝固温度回升时，由于不断析出溶剂晶体，所以溶液的浓度逐渐增大，凝固点也逐渐降低。因此，溶液温度回升后，没有一个相对恒定的阶段，而只能把回升的最高点温度作为凝固点。图 4-1 是测定水和溶液凝固点的冷却曲线图。曲线（A）是实验条件下水的冷却曲线，因为实验不可能理想地无限慢冷却，而是较快速强制冷却，在温度降到了 T_f^0 时不凝固，出现过冷现象。一旦固相出现，凝固热使温度又回升而出现平台，这个平台对应的温度是实测的溶剂凝固点。曲线（B）是溶液的冷却曲线。与曲线（A）不同，当温度冷却达到 T_f 以下溶液中的水才开始结冰，随着冰的析出，溶液浓度不断增大，溶液的凝固点也不断下降，所以冷却曲线不会出现水平线段。到达 T_f 时不凝固，出现过冷，适当的过冷使溶液凝固点的观察变得容易，降到 T_f 以下又回升到最高点，对应的温度就是实验测得的溶液凝固点。严格意义上说，回升的最高温度不是原浓度溶液的凝固点，科学的做法应作冷却曲线，并按图 4-1（B）中所示方法加以校正。但由于冷却曲线不易测出，而真正的平衡浓度又难于直接测定，实验总是用稀溶液，通过控制冷却剂温度和调节搅拌速度防止严重过冷，使其晶体析出量很少，以起始浓度代替平衡浓度，对测定结果不会产生显著影响。

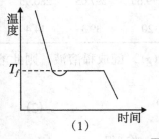
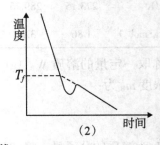

图 4-1　冷却曲线

三、主要仪器试剂

凝固点测定仪一套、数字式贝克曼温度计、分析天平、温度计、量筒（50mL）、移液管（25ml）。

粗食盐、碎冰块、葡萄糖（AR，固体）、蒸馏水。

四、实验步骤

1. 调节致冷剂的温度

取适量经过研磨的粗盐与冰水混合，使致冷剂温度为 -2℃ ~ -4℃，注意不要无限制的加盐。在实验过程中不断搅拌并不断补充碎冰，使致冷剂保持此温度。

2. 纯溶剂（水）的凝固点测定

仪器装置如图 4-2 所示。用移液管向清洁、干燥的凝固点管内加入 25mL 纯水，并记下水的温度，插入贝克曼温度计，拉动搅拌听不到碰壁与摩擦声。

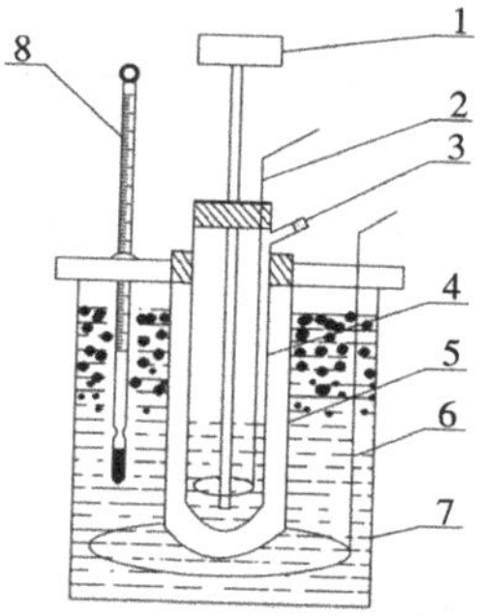

先将盛有去离子水的凝固点管直接插入致冷剂中，上下移动搅拌棒，使其逐步冷却。当有固体析出时，从致冷剂中取出凝固点管，将管外冰水擦干，插入空气套管中，缓慢而均匀的搅拌。观察贝克曼温度计读数至稳定，此温度为纯水初测凝固点。取出凝固点测定管，用手握管壁片刻，待管中固体完全融化后将凝固点管插入冰槽中。缓慢搅拌，当纯水温度降至高于初测凝固点温度 0.2 摄氏度时，迅速取出擦干外壁并插入空气管套中。缓慢搅拌使温度均匀下降。当温度低于初测凝固点时，应急速搅拌，使固体析出，温度开始上升，直至回升到稳定。此温度为纯水（纯溶剂）的凝固点，再重复两次，平均误差小于 0.1 摄氏度。

图 4-2　凝固点降低实验装置
1. 贝克曼温度计；2. 内管搅棒；3. 投料支管；4. 凝固点管；5. 空气套管；6. 致冷剂搅棒；7. 冰槽；8. 温度计。

3. 溶液凝固点测定

取出凝固点测定管，使管中冰完全溶化后，放入事先已在分析天平上准确称量的 0.8~1.2g 的蔗糖。待其完全溶解后，按纯溶剂凝固点测定方法，先测近似凝固点，然后再精确测量，但溶液凝固点是取回升后所达到的最高温度。重复 3 次，取平均值，平均误差应小于 0.01 摄氏度。根据记录的实验数据，按公式计算葡萄糖的分子量。

五、思考讨论题

（1）冰水中加入食盐为什么可以作致冷剂？

（2）为什么要测纯水的凝固点？它的凝固点可否为零度？

六、数据记录及处理结果

表 4-2　凝固点降低测定分子量

物质	测量次数	凝固点(T_f)		凝固点降低值
		测量值	平均值	（ΔT_f）
纯水	1			
	2			
	3			

| 物质 | 测量次数 | 凝固点(T_f) | | 凝固点降低值 |
		测量值	平均值	(ΔT_f)
葡萄糖溶液	1			
	2			
	3			

实验 5　渗透现象和溶液渗透压力的测定

一、实验目的

1. 熟悉低渗、等渗和高渗溶液的配制；观察红细胞在低渗、等渗和高渗溶液中的形态。

2. 了解冰点渗透压计测量溶液渗透压力的原理和方法。

3. 进一步练习分析天平、容量瓶、吸量管的正确操作。

二、实验原理

正常人血浆的渗透浓度 $c_{B,os}$=280 ~ 320mmol·L^{-1}，据此，医药学中通常将输液药物分为等渗溶液、低渗溶液和高渗溶液。凡药物渗透浓度在此范围的溶液称为等渗溶液，低于或高于此范围的称为低渗溶液或高渗溶液。

正常红细胞呈扁圆形，边缘厚，中间薄，其内液为等渗溶液。在等渗溶液中红细胞保持正常形态；在低渗液中会逐渐胀大甚至破碎，释放出血红蛋白使溶液成红色，这称为溶血现象；在高渗溶液中，红细胞会皱缩，其量大时可以在毛细血管中形成血栓。

Van't Hoff 定律反映了稀溶液的渗透浓度 $c_{B,os}$ 与渗透压力 Π 的关系：

$$\Pi = ic_BRT = c_{B,os}RT$$

式中，i 为校正因子，c_B 为物质的量浓度。T 一定，$\Pi \propto c_{B,os}$ 因此可以用 $c_{B,os}$ 来量度 Π 的大小。

测量稀溶液渗透压力的方法一般分为直接法（半透膜法）和间接法（非半透膜法）。间接法以凝固点或冰点降低法最为常用。根据溶液的冰点降低法测定溶液渗透浓度来反映渗透压力大小，叫冰点渗透压力法，其仪器叫冰点渗透压力计。FM-7J冰点渗透压力计为简易型。其原理是用热敏电阻插入待测溶液中测量溶液的冰点，转换为电量值，经放大以后以渗透浓度大小在仪表上显示出来，由此即可计算出溶液的渗透压力。

三、主要仪器试剂

分析天平，离心机，光学显微镜，FM-7J型冰点渗透压力计，试管架，移液管架，烧杯（50mL），容量瓶（50mL），吸量管（5mL），试管（5mL），洗瓶，玻璃棒，洗耳球，称量瓶，血色素吸管。

NaCl（固）（A.R），9g·L^{-1}NaCl，38g·$L^{-1}C_6H_5O_7Na_3$（柠檬酸钠），3%红细胞悬液或全血。

四、实验步骤

1. 3%红细胞悬液的制备

（1）由实验预备室提供新鲜全血：在洁净离心管中先加 0.2mL3.8% $C_6H_5O_7Na_3$ 溶液（对全血起抗凝作用），再加入新鲜全血 2mL，混匀，用"3000 转/分"离心 5 分钟后取出，弃去上层清液，加入 0.9%NaCl 生理盐水混匀后再离心，弃去上层清液；如此再重复一次，即得到洗涤过的红细胞，用生理盐水配成约 3% 红细胞悬液备用。

（2）由实验者相互采血：先在 3 支洁清干净小试管中分别加入 1mL 下述配制的低渗、等渗、高渗溶液备用；采血在手指或耳垂进行较好，不易感染；采血前轻揉耳垂片刻，用 70%酒精消毒棉球擦洗耳垂部，待酒精稍干后，手指夹住耳垂，用消毒注射针头（酒精灯上烧红亦可）快速刺破耳垂下缘一点，轻轻挤压耳垂，第一滴血用干棉球擦去，然后用血色素吸管吸耳血液，分别在以上 3 支小试管中直接注入血液 10μL，轻微摇匀，即可在显微镜下观察红细胞的形态。

2. 低渗、等渗、高渗溶液的配制

（1）低渗液：准确称取 NaCl 0.1 500～0.1 700g，置于 50mL 洁净烧杯中，加少量蒸馏水溶解，定量转移到 50mL 洁净容量瓶中，加蒸馏水稀至刻度，摇匀待用，计算其低渗浓度。

（2）等渗液：准确称取 NaCl 0.4 400～0.4 600g 按上述方法配制 50mL 等渗溶液，计算其等渗浓度。

（3）高渗液：准确称取 NaCl 1.5 500～1.6 000g 按上述方法配制 50mL 高渗溶液，计算其高渗浓度。

3. 观察渗透现象

（1）目视观察：用吸量管分别在 3 支试管中加入低渗、等渗、高渗溶液各 4mL，再各加 3%红细胞悬液 1～2 滴，用手指堵住管口轻轻地倒置 2～3 次（不能振摇），使其混合混匀。静置 30 分钟后观察现象（溶液变红且透明者为溶血；溶液分两层，上层浅黄色透明，下层红色不透明者为红细胞正常；上层略带红色混浊，下层红色不透明者为红细胞皱缩）。记录观察结果，解释不同现象的原因。

（2）显微镜下观察红细胞形态：从以上 1.（2）配制的 3 支试管中，各取 1 滴红细胞混悬液，分别滴于玻片上，盖上盖玻片，置于显微镜载物台上，转动粗调焦轮，使低倍镜（1∶10）于最低位置（注意勿将盖玻片压碎），然后边观察边调节粗调焦轮，使镜头由低向高移动，调到血涂片中红细胞形态清晰，再换用高倍镜（1∶45）观察，调节微调焦轮到镜内成像清晰可见。观察比较 3 种浓度溶液中红细胞的形态。必要时，可与标准血涂片比较。

4. 溶液的渗透压力的测量

　　用冰点渗透压力计（冰点渗透压力计使用详见第一部分 6.3，FM–7J 型冰点渗透压力计）测定以上所配制的低渗、等渗、高渗溶液的渗透压力（实际测定的是渗透浓度），记录结果并与理论计算值相比较。

五、思考讨论题

1. 渗透浓度与渗透压力、物质的量浓度各有什么区别和联系？
2. 为什么红细胞在低渗、等渗、高渗溶液中的形态不同？
3. 冰点渗透压力计测量溶液的渗透压力的原理是什么？

六、数据记录及处理结果

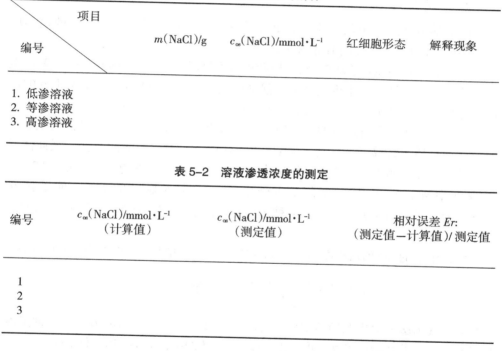

表 5–1　渗透现象与解释

项目 编号	$m(NaCl)/g$	$c_{os}(NaCl)/mmol \cdot L^{-1}$	红细胞形态	解释现象
1. 低渗溶液				
2. 等渗溶液				
3. 高渗溶液				

表 5–2　溶液渗透浓度的测定

编号	$c_{os}(NaCl)/mmol \cdot L^{-1}$ （计算值）	$c_{os}(NaCl)/mmol \cdot L^{-1}$ （测定值）	相对误差 Er: （测定值—计算值）/ 测定值
1			
2			
3			

实验6　缓冲溶液的配制和性质

一、实验目的

1. 学习缓冲溶液的配制方法。
2. 加深对缓冲溶液性质的理解。
3. 了解缓冲容量与缓冲溶液总浓度和缓冲比的关系。

二、实验原理

溶液的酸度是影响化学反应的重要条件之一，特别是在生物体内的化学反应，必须在适宜而稳定的 pH 条件下进行。

由弱酸及其共轭碱或弱碱及其共轭酸或两性物质及其对应的共轭酸（碱）组成的溶液，具有抵抗外来少量强酸、强碱或适当稀释而保持 pH 值基本不变的作用，这种作用就是缓冲作用。具有缓冲作用的溶液叫缓冲溶液。

由于缓冲溶液含有适量的抗酸组分和抗碱组分，所以当加入少量强酸或强碱时，能通过质子转移平衡移动，使溶液的 pH 值不会发生明显的改变。缓冲体系的缓冲作用在人的生命过程中显得极为重要，如当人体血液的 pH 值低于 7.35 会出现酸中毒；高于 7.45 就会发生碱中毒。正常人血液的 pH 值能维持在 7.35~7.45，正是由于血液中存在多种缓冲对，其中 H_2CO_3–HCO_3^- 缓冲对的浓度最高，缓冲作用最大。

缓冲溶液的 pH 值可根据 Henderson–Hasselbalch 方程（又称缓冲公式）计算：

$$pH=pKa+lg\frac{[共轭碱]}{[共轭酸]}=pKa+lg\frac{[B^-]}{[HB]} \qquad (1)$$

式中，pKa 为缓冲对中共轭酸 HB 解离常数的负对数；[HB]、[B⁻]分别为缓冲溶液中共轭酸及其共轭碱的平衡浓度。[B⁻]/[HB]称为缓冲比；[HB]+[B⁻]为总浓度。

当共轭酸 HB 的 Ka 很小，HB 的电离很弱，而共轭酸 HB 及共轭碱 B⁻ 的浓度又较大时，由于同离子效应，抑制了 HB 的解离，故可以近似地用初始浓度 $c(HB)$ 和 $c(B^-)$ 分别代替[HB]和[B⁻]，式（1）可改写成：

$$pH=pKa+lg\frac{c(B^-)}{c(HB)} \qquad (2)$$

若以 V（HB）和 V（B⁻）分别表示混合前 HB 和 B⁻ 的体积，$c'(HB)$ 和 $c'(B^-)$ 分别表示混合前 HB 和 B⁻ 的浓度，代入式（2）中并整理得：

$$pH=pKa+lg\frac{c'(B^-)V(B^-)}{c'(HB)V(HB)} \tag{3}$$

若使用相同浓度的共轭酸及其共轭碱配制缓冲溶液，即 $c'(HB)=c'(B^-)$，则有：

$$pH=pKa+lg\frac{V(B^-)}{V(HB)} \tag{4}$$

从以上各式可知，缓冲溶液的 pH 值主要取决于缓冲系中共轭酸的 pKa。对于一个给定的缓冲系，pKa 一定，pH 随缓冲比而改变。当缓冲比 =1 时，pH=pKa。缓冲溶液加适量水稀释时，缓冲比基本不变，缓冲溶液的 pH 值也基本不变。所以缓冲溶液除具有抗酸、抗碱作用外，还具有抗稀释作用。

缓冲溶液的缓冲能力是有限度的。缓冲容量的大小取决于缓冲溶液的总浓度和缓冲比。当缓冲比一定时，总浓度越大，抗酸抗碱组分愈多，缓冲容量就愈大；当总浓度一定时，缓冲比等于 1，溶液的抗酸抗碱能力相同，缓冲容量最大；当缓冲比小于 1 或大于 1 时，溶液抗酸与抗碱能力不同，当缓冲溶液的 $C_{共轭酸}>C_{共轭碱}$ 时，抗酸能力小于抗碱能力，当 $C_{共轭酸}<C_{共轭碱}$ 时，抗酸能力大于抗碱能力；当缓冲比小于 1/10 或大于 10/1，一般认为缓冲溶液已失去缓冲能力，通常以 pH=pKa±1 作为缓冲溶液的缓冲范围。

配制一定 pH 值的缓冲溶液，一般有下列原则和步骤：

1. 选择适当的缓冲对。使欲配缓冲溶液的 pH 值在所选缓冲对的缓冲范围（pH=pKa±1）之内，且尽可能接近 pKa，以保证较大的缓冲能力。同时，还需考虑所选缓冲对稳定无毒，不参与反应，无副反应。

2. 缓冲溶液要有适当的总浓度。总浓度太低，缓冲容量偏小；总浓度太高，离子强度太大、渗透压过高而不适用，同时浪费试剂。为使缓冲溶液具有较大缓冲容量，通常缓冲溶液的总浓度在 $0.05 mol \cdot L^{-1} \sim 0.2 mol \cdot L^{-1}$ 范围内为宜。

3. 计算所需共轭酸和共轭碱的用量。

4. 校正。由于未考虑离子强度、盐效应及温度等因素的影响，所以上述缓冲溶液 pH 的计算公式是近似的，计算的 pH 值与配缓冲溶液的实测值有差别。

对于只需控制 pH 在一定范围而不必控制在某一固定值时，便可直接采用近似计算的结果配制缓冲溶液。

针对 pH 值要求极精确的实验，还需用 pH 计对所配缓冲溶液的 pH 进行校正，必要时外加少量相应的酸或碱，使与要求的 pH 值一致。

实际上，为了准确而方便的配制缓冲溶液，对一般常用缓冲系无需计算，可直接查阅有关化学手册及生化手册。配方中缓冲溶液的 pH 是由精确的实验方法确定。

三、主要仪器及试剂

量筒（10mL、50mL），烧杯（50mL），试管，滴管，广泛 pH 试纸

(pH1–14)，精密 pH（试纸 pH3.8–5.4、pH6.4–8.0）。

HAc（$0.1mol \cdot L^{-1}$、$1mol \cdot L^{-1}$），HCl（$0.1mol \cdot L^{-1}$），NaOH（$0.1mol \cdot L^{-1}$），NaAc（$0.1mol \cdot L^{-1}$），NaCl（$0.1mol \cdot L^{-1}$），NaH_2PO_4（$0.1mol \cdot L^{-1}$），Na_2HPO_4（$0.1mol \cdot L^{-1}$、$1mol \cdot L^{-1}$），甲基红指示液，混合指示液。

四、实验步骤

1. 缓冲溶液的配制

按表 6–1 配制 pH 值为 4.6 和 7.5 的缓冲溶液各 30mL，计算所需各组分的体积，并填入表 6–1。然后用量筒取液，在烧杯中配制甲、乙两种缓冲溶液。用精密 pH 试纸测定所配缓冲溶液的 pH 值，填入表中。试比较实测值与计算值是否相同。缓冲溶液备用。

2. 缓冲溶液的性质

（1）缓冲溶液的抗酸碱作用　依次完成表 6–2 所示实验内容，将所观察到的实验现象填入表中，并解释原因。

（2）缓冲溶液的抗稀释作用　利用现有实验器材及药品，自拟实验方案和步骤，说明缓冲溶液的抗稀释作用。

3. 缓冲容量

（1）缓冲容量与缓冲溶液总浓度的关系　取 2 支试管，在一支试管中加入 $0.1mol \cdot L^{-1}$ HAc 和 $0.1mol \cdot L^{-1}$ NaAc 各 30 滴；另一支试管中加入 $1mol \cdot L^{-1}$ HAc 和 $1mol \cdot L^{-1}$ NaAc 各 30 滴，混匀后两管中溶液的 pH 值是否相同？在两管中分别滴加甲基红指示液 1 滴，摇匀，溶液显何种颜色？然后在两管中逐滴加入 $1mol \cdot L^{-1}$ NaOH 溶液（每加一滴均需摇匀），直到溶液恰好变成黄色。记录各管所加 NaOH 溶液的滴数，填入表 6–3。解释所得结果。

（2）缓冲容量与缓冲比的关系　按表 6–4 的设计内容进行实验，并解释原因。根据实验效果，可对表中所示加酸或加碱的用量作必要的调整。

注释：

①甲基红指示剂的变色范围：pH4.4–6.2（红 – 黄）。甲基红指示液配制：0.1g 甲基红指示剂溶于 60mL 乙醇中，加水至 100mL。

②混合指示液（多组分混合 pH 指示液、广泛 pH 指示液）甲基黄 300mg、甲基红 100mg、酚酞 100mg、百里酚蓝（麝香草酚蓝）500mg、溴百里酚蓝（溴麝香草酚兰）400mg。

将上述指示剂混合溶于 500mL 乙醇中，然后逐滴加入 $0.1mol \cdot L^{-1}$ NaOH 溶液，直至溶液出现纯黄色为止（pH=6）。混合指示液在不同 pH 值下的颜色为：

pH	1	2	3	4	5	6	7	8	9	10
颜色	桃红	红	红橙	橙红	橙黄	黄	黄绿	绿	蓝绿	紫

③溶液 pH 值的测定。测定溶液 pH 值的简单方法是 pH 指示剂法和 pH 试纸法，所示 pH 为近似值。若需溶液的精确 pH 值，可用 pH 计进行测定。使用 pH 指示液或多组分混合 pH 指示液，可根据指示剂的显色或颜色变化来指示溶液 pH 的范围或 pH 的变化。

④25℃时，醋酸（HAc）的 pKa=4.75；磷酸（H_3PO_4）的 pKa=7.21。

五、思考讨论题

1. 决定缓冲溶液的 pH 和缓冲容量的主要因素有哪些？
2. 影响所配缓冲溶液 pH 精度的因素有哪些？
3. 如何正确使用 pH 试纸测定溶液的 pH 值？

六、实验现象及结果

表 6-1 缓冲溶液的配制

缓冲溶液	pH 值	各组分的用量 /mL	pH(测定值)
甲	4.6	$0.1mol \cdot L^{-1}HAc$	
		$0.1mol \cdot L^{-1}NaAc$	
乙	7.5	$0.1mol \cdot L^{-1}NaH_2PO_4$	
		$0.1mol \cdot L^{-1}Na_2HPO_4$	

表 6-2 缓冲溶液的抗酸、抗碱作用

试管号	试液和混合指示液用量	加酸或碱量	颜色变化
1	纯化水 2mL+ 混合指示液 1 滴	$0.1mol \cdot L^{-1}HCl$ 1 滴	
2	纯化水 2mL+ 混合指示液 1 滴	$0.1mol \cdot L^{-1}NaOH$ 1 滴	
3	$0.1mol \cdot L^{-1}NaCl$ 2mL+ 混合指示液 1 滴	$0.1mol \cdot L^{-1}HCl$ 1 滴	
4	$0.1mol \cdot L^{-1}NaCl$ 2mL+ 混合指示液 1 滴	$0.1mol \cdot L^{-1}NaOH$ 1 滴	
5	缓冲溶液甲 2mL+ 混合指示液 1 滴	$0.1mol \cdot L^{-1}HCl$ 1 滴	
6	缓冲溶液甲 2mL+ 混合指示液 1 滴	$0.1mol \cdot L^{-1}NaOH$ 1 滴	
7	缓冲溶液乙 2mL+ 混合指示液 1 滴	$0.1mol \cdot L^{-1}HCl$ 1 滴	
8	缓冲溶液乙 2mL+ 混合指示液 1 滴	$0.1mol \cdot L^{-1}NaOH$ 1 滴	

表 6-3 缓冲容量与总浓度的关系

试管号	溶液组分	加甲基红后溶液颜色	溶液刚变黄时所加 $1mol \cdot L^{-1}NaOH$ 滴数
1	30 滴 $0.1mol \cdot L^{-1}HAc$+30 滴 $0.1mol \cdot L^{-1}NaAc$		
2	30 滴 $1mol \cdot L^{-1}HAc$+30 滴 $1mol \cdot L^{-1}NaAc$		

表 6-4　缓冲容量与缓冲比的关系

试管号	溶液组分 0.1mol·L⁻¹ Na₂HPO₄	0.1mol·L⁻¹ NaH₂PO₄	$C(HPO_4^{2-})/C(H_2PO_4^-)$	pH 值	加酸或加碱量	pH 值	△pH
1	25 滴	25 滴			5 滴 0.1mol·L⁻¹HCl		
2	25 滴	25 滴			5 滴 0.1mol·L⁻¹NaOH		
3	45 滴	5 滴			5 滴 0.1mol·L⁻¹HCl		
4	45 滴	5 滴			5 滴 0.1mol·L⁻¹NaOH		
5	5 滴	45 滴			5 滴 0.1mol·L⁻¹HCl		
6	5 滴	45 滴			5 滴 0.1mol·L⁻¹NaOH		

实验7　同离子效应与溶度积原理

一、实验目的

1. 加深对同离子效应、沉淀平衡和溶度积规则的理解，掌握其运用。
2. 试验沉淀的溶解和沉淀的转化。
3. 学习离心分离操作和电动离心机的使用。

二、实验原理

在饱和溶液中，难溶电解质与其离子间建立平衡状态，如：

$$A_mB_n(S) = mA^{n+} + nB^{m-}$$

在一定温度下，难溶电解质的饱和溶液中离子浓度幂之乘积为一常数，即为溶度积常数 K_{sp}。

$$K_{sp} = [A^{n+}]^m \cdot [B^{m-}]^n$$

在一定温度下，难溶电解质溶液处于任意状态时离子浓度幂的乘积称为离子积，用 I_P 表示。I_P 不是常数。

$$I_p = (A^{n+})^m \cdot (B^{m-})^n$$

上两式中[　]表示平衡状态下的浓度，（　）表示任意状态下的浓度。

溶度积规则：

（1）$I_P = K_{sp}$ 表示溶液是饱和的。难溶电解质处于溶解与沉淀的平衡状态，既无沉淀析出又无沉淀溶解。

（2）$I_P < K_{sp}$ 表示溶液是不饱和的。若系统中有固体存在，则会继续溶解直至溶液达饱和为止。

（3）$I_P > K_{sp}$ 表示溶液为过饱和。将有沉淀析出，直至溶液达饱和为止。

在难溶电解质溶液中因加入含有共同离子的强电解质而使难溶电解质的溶解度降低的效应称为沉淀平衡中的同离子效应。

三、主要仪器试剂

离心机、离心试管、试管、烧杯。

试剂名称	浓度	试剂名称	浓度
1. HCl	$6mol \cdot L^{-1}$	9. K_2CrO_4	$0.5mol \cdot L^{-1}$
2. HNO$_3$	$6mol \cdot L^{-1}$	10. K_2CrO_4	$0.05mol \cdot L^{-1}$
3. Pb(NO$_3$)$_2$	$0.1mol \cdot L^{-1}$	11. PbI_2	饱和
4. Pb(NO$_3$)$_2$	$0.001mol \cdot L^{-1}$	12. $AgNO_3$	$0.1mol \cdot L^{-1}$
5. NaCl	$1mol \cdot L^{-1}$	13. $BaCl_2$	$0.5mol \cdot L^{-1}$
6. NaCl	$0.1mol \cdot L^{-1}$	14. $(NH_4)_2C_2O_4$	饱和
7. KI	$0.1mol \cdot L^{-1}$	15. Na_2S	$1mol \cdot L^{-1}$
8. KI	$0.001mol \cdot L^{-1}$	16. Na_2S	$0.5mol \cdot L^{-1}$

四、实验步骤

1. 同离子效应和沉淀平衡

（1）同离子效应　在试管中加入 1mL 饱和 PbI_2 溶液，然后滴入 5 滴 $0.1mol \cdot L^{-1}KI$ 溶液，振荡试管，观察实验现象。解释此现象。

（2）沉淀平衡　在离心试管中加 10 滴 $0.1mol \cdot L^{-1}$ 的 $Pb(NO_3)_2$ 溶液，然后加 5 滴 $mol \cdot L^{-1}NaCl$ 溶液，振荡离心试管，待沉淀完全后离心，分离上层清液，在离心液中加入少许 $0.5mol \cdot L^{-1}K_2CrO_4$ 溶液，观察实验现象，解释此现象。

2. 溶度积规则的应用

（1）在试管中加 1mL $0.1mol \cdot L^{-1}$ $Pb(NO_3)_2$ 溶液，再加 1mL $0.1mol \cdot L^{-1}KI$ 溶液，观察有无沉淀生成？用溶度积规则解释之。

（2）用 $0.001mol \cdot L^{-1}Pb(NO_3)_2$ 溶液和 $0.001mol \cdot L^{-1}KI$ 溶液进行实验，观察现象。用溶度积规则解释之。

（3）在试管中加 1mL $0.1mol \cdot L^{-1}NaCl$ 溶液和 1mL $0.5mol \cdot L^{-1}K_2CrO_4$ 溶液。然后边振荡试管，边逐滴加入 $0.1mol \cdot L^{-1}AgNO_3$ 溶液，观察沉淀的颜色及沉淀颜色的变化，试以溶度积规则解释之。

3. 分步沉淀

在试管中加入 2 滴 $0.5mol \cdot L^{-1}Na_2S$ 溶液和 5 滴 $0.5mol \cdot L^{-1}K_2CrO_4$ 溶液，用水稀释至 5mL，然后逐滴加入 $0.1mol \cdot L^{-1}Pb(NO_3)_2$ 溶液，观察首先生成沉淀的颜色。沉淀沉降后，继续向清液中滴加 $Pb(NO_3)_2$ 溶液，会出现什么颜色的沉淀？

4. 沉淀的溶解

（1）生成难离解的物质使沉淀溶解　在离心试管中，滴加 5 滴 $0.5mol \cdot L^{-1}BaCl_2$ 溶液，再滴加 3 滴饱和 $(NH_4)_2C_2O_4$ 溶液，观察沉淀的生成，离心分离，弃去上层清液，在沉淀物上滴 $6mol \cdot L^{-1}HCl$ 溶液，有何现象？解释此现象。

（2）通过氧化还原反应使难溶盐溶解　在离心试管中滴 10 滴 $0.1mol \cdot L^{-1}AgNO_3$ 溶液，滴入 3～4 滴 $1mol \cdot L^{-1}Na_2S$ 溶液，观察现象。离心分离，弃去上层清液，在沉淀物上再滴加 $6mol \cdot L^{-1}HNO_3$ 溶液少许，加热，有何现象？解释此现象。

5. 沉淀的转化

在离心试管中，加 5 滴 $0.1mol \cdot L^{-1}Pb(NO_3)_2$ 溶液，再加 3 滴 $1mol \cdot L^{-1}NaCl$ 溶液，振荡离心试管，待沉淀完全后离心分离，用 0.5mL 蒸馏水洗涤沉淀一次，然后在 $PbCl_2$ 沉淀中加 3 滴 $0.1mol \cdot L^{-1}KI$ 溶液，观察沉淀的转化及颜色的变化。按上述操作依次分批加入 10 滴饱和 Na_2SO_4 溶液、$0.5mol \cdot L^{-1}K_2CrO_4$ 溶液、$1mol \cdot L^{-1}Na_2S$ 溶液，每加入一种新的溶液后均观察沉淀的转化及颜色的变化。

五、思考讨论题

（1）在 Ag_2CrO_4 沉淀中加入 NaCl 溶液，将会产生什么现象?与实验(2)、(3)的实验现象能否得到一致的结论?

（2）什么叫分步沉淀?试把实验(2)、(3)设计成一个说明分步沉淀的实验。根据溶度积计算判断实验中沉淀先后的次序。

（3）在沉淀转化实验中能否直接比较 $PbCl_2$、PbI_2、$PbSO_4$、$PbCrO_4$、PbS 的 K_{sp} 值,说明有关沉淀转化的原因?

六、数据记录及结果处理

表 7-1 同离子效应和沉淀平衡

项目	实验现象	主要化学反应	结论
同离子效应			
沉淀平衡			

表 7-2 溶度积规则的应用

项目	实验现象	主要化学反应	结论
（1）			
（2）			
（3）			

表 7-3 分步沉淀

项目	实验现象	主要化学反应	结论
分步沉淀			

表 7-4 沉淀的溶解

项目	实验现象	主要化学反应	结论
难离解的物质使沉淀溶解			
氧化还原反应使沉淀溶解			

表 7-5 沉淀的转化

项目	实验现象	主要化学反应	结论
沉淀的转化			

实验 8 缓冲溶液的配制与 pH 值的测定

一、实验目的

1. 学习缓冲溶液的配制方法，加深对缓冲溶液性质的理解。
2. 学会使用酸度计测定溶液的 pH。

二、实验原理

能抵抗外来少量强酸、强碱或适当稀释而保持 pH 值不变的溶液叫缓冲溶液。酸碱缓冲溶液一般是由浓度较大的弱酸及其共轭碱组成。对于 HB–B⁻ 缓冲溶液，其 pH 可采用如下公式计算：

$$pH = pKa + lg \frac{[B^-]}{[HB]}$$

据此，可通过改变 HB、B⁻ 的比例，配制出一定 pH 的缓冲溶液。一般是先配制出大致所需 pH 溶液，然后测定其 pH 值，再加酸或碱使 pH 达到所需值。溶液的 pH 常用酸度计测定，酸度计的使用方法详见第一部分 6.1 酸度计。

三、主要仪器及试剂

烧杯（100mL）、量筒、酸度计、温度计、复合电极。

标准缓冲溶液（pH=4.00 邻苯二甲酸氢钾，pH=6.86 混合磷酸盐，pH=9.18 硼砂）、36%醋酸、醋酸钠溶液（1mol/L）、六亚甲基四胺溶液（1mol/L）、HCl 溶液（6mol/L）、氯化铵溶液（1mol/L）、浓氨水。

四、实验步骤

1. 配制缓冲溶液

根据表 8–1 所示分别在 100mL 烧杯中配制总体积约为 60mL 的 NaAc–HAc（pH=4.0），$(CH_2)_6N_4$–HCl（pH=5.0），NH_3–NH_4Cl（pH=10.0）缓冲溶液。

2. 酸度计的校正（参考第一部分 6.1 酸度计部分）。

3. 缓冲溶液 pH 的测定

将复合电极用蒸馏水吹洗干净，用滤纸片将电极吸干后，再把电极插入待测缓冲溶液中，轻轻摇动溶液，待显示屏上的数值稳定后读出缓冲溶液的 pH。然后再清洗电极，测定其他缓冲溶液的 pH。测量完毕，将电极吹洗干净后，用滤纸吸干，将盛满饱和 KCl 溶液的电极保护套套上，取下电极放回电极盒内，关闭电源。

五、思考讨论题

1. 缓冲溶液的pH值由哪些因素决定？

2. 复合电极有哪些优缺点？使用前后应如何处理？为什么？

六、数据记录和处理结果

表 8-1　缓冲溶液理论配制与实验测定

缓冲溶液	pH	组分浓度	体积 /mL	pH 测量值
NaAc–HAc	4.0	36%醋酸 1mol/L NaAc		
$(CH_2)_6N_4$–HCl	5.0	1mol/L $(CH_2)_6N_4$ 6mol/L HCl		
NH_3–NH_4Cl	10.0	浓 $NH_3 \cdot H_2O$ 1mol/L NH_4Cl		

实验 9　醋酸解离度和解离常数的测定

一、实验目的

1. 学习测定弱酸解离度和解离常数的方法。
2. 学习使用酸度计并掌握其使用方法。
3. 进一步熟悉滴定管、移液管的使用方法。

二、实验原理

醋酸（HAc）是弱酸，一定温度下，在水溶液中存在下述解离平衡：

$$HAc = H^+ + Ac^-$$

若 HAc 的起始浓度为 c，$[H^+]$，$[Ac^-]$ 和 $[HAc]$ 分别为 H^+，Ac^- 和 HAc 的平衡浓度，α 为解离度，Ka 为解离常数。平衡时 $[H^+]=[Ac^-]$，$[HAc]=c(1-\alpha)$，则：

$$\alpha = \frac{[H^+]}{c} \times 100\%$$

$$Ka = \frac{[H^+] \cdot [Ac^-]}{[HAc]} = \frac{[H^+]^2}{c-[H^+]}$$

当 $a < 5\%$ 时，$Ka \approx \dfrac{[H^+]^2}{c}$

根据 $pH = lg[H^+]$ 可知，只要测定已知浓度 HAc 溶液的 pH 值，就可以计算它的解离度和解离常数。本实验用酸度计来测量 HAc 溶液的 pH 值。

三、主要仪器及试剂

酸式滴定管（50mL）、碱式滴定管（50mL）、锥形瓶（250mL）、容量瓶（50mL）、烧杯（100mL）、酸度计、温度计、复合电极。

标准缓冲溶液（pH=4.00 邻苯二甲酸氢钾，pH=6.86 混合磷酸盐，pH=9.18 硼砂）、NaOH 标准溶液（约 0.1mol/L）、HAc 溶液（0.1mol/L）、酚酞（2g/L）、邻苯二甲酸氢钾（基准物质）。

四、实验步骤

1. NaOH 溶液的标定

准确称取 0.4～0.6g 基准邻苯二甲酸氢钾 3 份，分别置于 250mL 锥形瓶中，加入 30～50mL 蒸馏水溶解，再加 1～2 滴酚酞指示剂，用待标定的 NaOH 溶液滴定至溶液呈微红色，30s 不褪色即为终点。计算 NaOH 溶液的浓度。

2. HAc 溶液的测定

用移液管准确移取 25mL 0.1mol·L⁻¹HAc 溶液 3 份于 250mL 锥形瓶中，各加

2～3 滴酚酞指示剂，用上述 NaOH 标准溶液滴定至微红色，30s 不褪色即为终点。计算此 HAc 溶液的浓度。

3. 配制不同浓度的 HAc 溶液

用移液管（或滴定管）分别量取上述 HAc 标准溶液 25.00mL，10.00mL 和 5.00mL，置于 50mL 容量瓶中，分别用蒸馏水稀释到刻度，摇匀。

4. 测定不同浓度 HAc 溶液的 pH 值

将原溶液及上述 3 种不同浓度的 HAc 溶液分别转入 4 只干燥的 50mL 烧杯中，按由稀至浓的顺序用 pH 计分别测定它们的 pH 值，记录数据和室温。计算 HAc 的解离度和解离常数。（酸度计的用法详见第一部分 6.1 酸度计）。

五、思考讨论题

1. 改变所测 HAc 溶液的浓度或温度，则解离度和解离常数有无变化？若有变化，将会怎样变化？

2. 若所用 HAc 溶液的浓度极稀，是否能用于求解离常数？为什么？

3. 使用酸度计测溶液的 pH 值的操作步骤有哪些？

六、数据记录和处理结果

表 9-1　NaOH 溶液的标定

编号	1	2	3
$KHC_8H_4O_4$ 的质量 /g			
NaOH 溶液的用量 /mL			
NaOH 溶液的浓度 /mol·L⁻¹			
NaOH 溶液的浓度平均值 /mol·L⁻¹			
相对偏差 /%			
平均相对偏差 /%			

表 9-2　醋酸溶液浓度的测定

编号	1	2	3
所取 HAc 溶液体积 /mL			
NaOH 标准溶液体积 /mL			
NaOH 标准溶液浓度 /mol·L⁻¹			
测得 HAc 溶液浓度 /mol·L⁻¹			
测得 HAc 溶液浓度平均值 /mol·L⁻¹			
相对偏差 /%			
平均相对偏差 /%			

表 9-3　HAc 解离度和解离常数 Ka 的测定（温度：　）

编号	1	2	3	4
HAc 溶液体积 /mol·L⁻¹	5.00	10.00	25.00	50.00
定容体积 /mL	50.00	50.00	50.00	50.00
HAc 溶液浓度 /mol·L⁻¹				
pH				
[H⁺]/mol·L⁻¹				
解离度 α				
解离常数 Ka				
Ka 平均值				

实验 10　化学反应速率与活化能的测定

一、实验目的

1. 验证浓度、温度、催化剂对化学反应速率的影响。
2. 测定过二硫酸铵与碘化钾的反应速率，计算反应速度常数。
3. 了解图解法求反应级数和反应活化能的原理和方法。

二、实验原理

在均相化学反应中，反应速率决定于反应物的性质、浓度、温度和催化剂。用不同浓度的过二硫酸铵 $(NH_4)_2S_2O_8$ 氧化 I^- 成 I_2，因 I_2 与淀粉生成蓝色化合物作为反应完成的标志，因此，出现蓝色的时间越短，说明反应速率越大，反之则越小。

水溶液中，$(NH_4)_2S_2O_8$ 与 KI 反应如下：

$$(NH_4)_2S_2O_8 + 3KI = (NH_4)_2SO_4 + K_2SO_4 + KI_3$$

或

$$S_2O_8^{2-} + 3I^- = 2SO_4^{2-} + I_3^- \qquad (1)$$

该化学反应的平均速率 $\bar{v}$ 可近似地表示为速率方程式：

$$v = \frac{-\Delta c(S_2O_8^{2-})}{\Delta t} = kc(S_2O_8^{2-})^m c(I^-)^n$$

式中，$\Delta c(S_2O_8^{2-})$ 为时间间隔 Δt 内 $c(S_2O_8^{2-})$ 的变化；k 为反应速度常数，$c(S_2O_8^{2-})$ 与 $c(I^-)$ 分别为两种离子的起始浓度，$(m + n)$ 为反应级数。由于本实验在 Δt 时间内反应物浓度变化很小，所以平均速率可以看成是瞬时速率，因而有上列近似式。

为了能测定出在一定时间（Δt）内过二硫酸铵的改变量 $\Delta c(S_2O_8^{2-})$，在 $(NH_4)_2S_2O_8$ 溶液与 KI 溶液混合的同时，定量的加入硫代硫酸钠 $Na_2S_2O_3$ 溶液和作指示剂的淀粉溶液。这样在反应（1）进行的同时，还进行如下反应：

$$2S_2O_3^{2-} + I_3^- = S_4O_6^{2-} + 3I^- \qquad (2)$$

反应（2）比反应（1）快得多，能瞬间完成，故反应（1）生成的 I_3^- 立即与 $S_2O_3^{2-}$ 生成无色的 $S_4O_6^{2-}$ 和 I^- 离子。因此，在反应开始的一段时间内看不到碘与淀粉作用所显示的蓝色。但是，一旦 $Na_2S_2O_3$ 耗尽，由反应（1）生成的微量碘就迅速与淀粉作用，使溶液显出蓝色。

从反应（1）和（2）可知，$\Delta c(S_2O_8^{2-}) : \Delta c(S_2O_3^{2-}) = 1 : 2$，所以 $S_2O_8^{2-}$ 离子在 Δt 时间内的浓度变化量 $\Delta c(S_2O_8^{2-})$ 可从下式求出：

$$\Delta c(S_2O_8^{2-}) = \frac{\Delta c(S_2O_3^{2-})}{2}$$

又由于在 Δt 内溶液显示蓝色时 $S_2O_3^{2-}$ 已全部耗尽，浓度为零，所以此时消耗的 $\Delta c(S_2O_3^{2-})$ 实际上就是反应开始时 $Na_2S_2O_3$ 的初始浓度，即

$$\Delta c(S_2O_3^{2-})=c(S_2O_3^{2-})_{终}-c(S_2O_3^{2-})_{始}=0-c(S_2O_3^{2-})_{始}$$

$$则\quad \Delta c(S_2O_8^{2-})=\frac{\Delta c(S_2O_3^{2-})}{2}=\frac{c(S_2O_3^{2-})_{始}}{2}$$

记录反应开始到出现蓝色的 Δt，即可计算 $\bar{v}$。

$$v=\frac{-\Delta c(S_2O_8^{2-})}{\Delta t}=\frac{\Delta c(S_2O_3^{2-})}{2\Delta t}$$

将前面化学反应速度方程式两边取对数得：

$$\lg v=m\lg c(S_2O_8^{2-})+n\lg c(I^-)+\lg k \tag{3}$$

由此式可知：当 $c(I^-)$ 一定时，以 $\lg v$ 对 $\lg c(S_2O_8^{2-})$ 作图得一直线，其斜率为 m；当 $c(S_2O_8^{2-})$ 一定时，以 $\lg v$ 对 $\lg c(I^-)$ 作图也得一直线，其斜率为 n。则该反应的反应级数为 $m+n$。在固定 $c(S_2O_3^{2-})$，改变 $c(S_2O_8^{2-})$、$c(I^-)$ 的条件下进行一系列实验，测得不同条件下的 v，利用（3）式求出 m、n。

再由下式进一步求出反应速度常数 k 值：

$$k=\frac{v}{c(S_2O_8^{2-})^m\times c(I^-)^n}$$

根据 Arrhenius 方程式，反应速度常数 k 与反应温度 T 的关系为

$$\lg k=\lg A-\frac{E_a}{2.303RT}$$

式中，E_a 为活化能，R 为气体常数（$8.314J\cdot K^{-1}\cdot mol^{-1}$），$T$ 为绝对温度。测出在不同温度下的 k 值，以 $\lg k$ 对 $1/T$ 作图可得一直线，由直线的斜率可以求出反应的活化能 E_a[1]：

$$斜率=\frac{-E_a}{2.303R}$$

三、主要仪器试剂

温度计，秒表，恒温水槽，烧杯（100mL），量筒（10mL、20mL），吸量管（10mL），玻璃棒，直角坐标纸。

$0.2mol\cdot L^{-1}$（NH_4）$_2S_2O_8$（新鲜配制）[2]，$0.2mol\cdot L^{-1}Na_2S_2O_3$，$2g\cdot L^{-1}$ 淀粉液，$0.2mol\cdot L^{-1}KI$，$0.2mol\cdot L^{-1}KNO_3$，$0.2mol\cdot L^{-1}$（NH_4）$_2SO_4$，$0.2mol\cdot L^{-1}Cu(NO_3)_2$，冰块。

---

1. 由文献查得 $S_2O_8^{2-}+3I^-=2SO_4^{2-}+I_3^-$ 的 Ea=51.58KJ·mol^{-1}。
2. （NH_4）$_2S_2O_8$ 要新鲜配制，配制的溶液 pH 值应大于 3.0，否则说明（NH_4）$_2S_2O_8$ 已分解了，不能使用。

四、实验步骤

1. 浓度对反应速率的影响

用量筒量取 $0.2mol \cdot L^{-1}$ KI 溶液 20mL 置于 100mL 烧杯中，用另一量筒加入 $2g \cdot L^{-1}$ 淀粉溶液 4.0mL，用吸量管加入 $0.2mol \cdot L^{-1}$ $Na_2S_2O_3$ 溶液 8.00mL，混匀。再用第三个量筒取 $0.2mol \cdot L^{-1}$ $(NH_4)_2S_2O_8$ 溶液 20mL 迅速倒入混合液中，同时启动秒表，并搅匀。注意观察，当溶液刚出现蓝色时，立即停表，记录反应时间 Δt 和室温于表 10-1 中。同法按表 10-1 中的用量进行另外四次实验。为了使每次实验中溶液的离子强度和总体积不变，KI 和 $(NH_4)_2S_2O_8$ 不足的量分别用 $0.2mol \cdot L^{-1}$ KNO_3 和 $0.2mol \cdot L^{-1}$ $(NH_4)_2SO_4$ 溶液补充。

表 10-1   浓度对反应速度的影响（室温   ℃）

	编号	I	II	III	IV	V
试剂用量（mL）	$0.2mol \cdot L^{-1}(NH_4)_2S_2O_8$	20	10	5	20	20
	$0.2mol \cdot L^{-1}$KI	20	20	20	10	5
	$0.2m \cdot L^{-1}Na_2S_2O_3$	8.00	8.00	8.00	8.00	8.00
	$2g \cdot L^{-1}$ 淀粉	4	4	4	4	4
	$0.2mol \cdot L^{-1}KNO_3$	0	0	0	10	15
	$0.2mol \cdot L^{-1}(NH_4)_2SO_4$	0	10	15	0	0
起始浓度（$mol \cdot L^{-1}$）	$c[(NH_4)_2S_2O_8]$					
	$c(KI)$					
	$c(Na_2S_2O_3)$					
	$\Delta c(S_2O_8^{2-})/mol \cdot L^{-1}$					
	反应时间 $\Delta t/s$					
	反应速度 /$mol \cdot L^{-1} \cdot s^{-1}$					

2. 温度对反应速度的影响

按表 10-1 实验编号 IV 中的用量，把 KI、$Na_2S_2O_3$、淀粉、KNO_3 溶液加到 100ml 烧杯中，$(NH_4)_2S_2O_8$ 溶液加到另一小烧杯中，然后将它们同时置于冰水浴中冷却。当杯内溶液与冰水浴温度相同，且低于室温 10℃左右时，把 $(NH_4)_2S_2O_8$ 溶液迅速倒入混合溶液中，同时开动秒表，搅匀。一旦溶液刚出现蓝色，立即停表。记录反应时间 Δt 和反应温度于表 10-2。

表 10-2　温度对反应速度的影响

编号	1	2	3	4
反应温度 $T/℃$				
反应时间 $\Delta t/s$				
反应速度 $/mol \cdot L^{-1} \cdot s^{-1}$				

利用热水浴在高于室温 10℃和 20℃左右的条件下，重复上述实验。

3. 催化剂对反应速度的影响

按表 10-1 中实验编号 IV 的用量，向 KI 混合液加入 $0.2mol \cdot L^{-1}Cu(NO_3)_2$ 溶液 3 滴，混合后，迅速加入 $0.2mol \cdot L^{-1}(NH_4)_2S_2O_8$ 溶液，同时开动秒表，搅拌。当溶液刚出现蓝色时，立即停表，记录反应时间 Δt。并与没加入 $Cu(NO_3)_2$ 溶液的 IV 号反应时间进行比较，作出结论。

注意事项：

①实验是利用 $Na_2S_2O_3$ 衡量反应产生的 I_2，从而计算消耗的 $(NH_4)_2S_2O_8$。所以准确添加 $Na_2S_2O_3$ 的量是实验成败的关键。

②各溶液加入的顺序不可颠倒。

③混合时立即启动秒表。

④测定不同温度下的数据时，温度应以小烧杯内溶液的温度为准。

五、思考讨论题

1. $Na_2S_2O_3$ 的用量不同，对本实验有无影响？为什么？

2. 若不用 $S_2O_8^{2-}$ 而用 I^- 或 I_3^- 的浓度变化来表示反应速率，反应速率常数是否相同？

3. 实验中若量筒没分开专用：①先加 $(NH_4)_2S_2O_8$ 溶液、后加 KI 溶液；②慢慢加入 $(NH_4)_2S_2O_8$ 溶液，各对实验结果有何影响？

六、数据记录及处理结果

(1) 级数的确定及速度常数的计算　分别计算编号 I ~ V 各个实验的 υ，利用式 (3) 求反应级数 m 和 n 以及速率常数 k，填入表 10-3。

表 10-3　反应级数的确定及速度常数的计算

编号	1	2	3	4
$\lg \upsilon$				
$\lg c(S_2O_8^{2-})$				
$\lg c(I^-)$				
m				
n				
反应速度常数 k				

（2）反应活化能的计算　　根据 Arrhenius 方程式，分别计算编号 1～4 个不同温度实验的 k，然后以 $\lg k$ 对 $1/T$ 作图（附上 $\lg k \sim 1/T$ 坐标图），求出斜率，计算出活化能，填入表 10-4，并分析误差产生的原因。

表 10-4　反应活化能的计算

编号	1	2	3	4
反应温度 $T/℃$				
υ				
k				
$\lg k$				
$1/T$				
$E_a/k\mathrm{J}\cdot\mathrm{mol}^{-1}$				

误差产生原因的分析

实验 11　配位物的生成和性质

一、实验目的

1. 掌握配合物的生成及配离子与简单离子的区别。

2. 比较配离子的稳定性，掌握配位平衡移动与溶液酸碱性，沉淀及氧化还原平衡的关系。

3. 了解螯合物的形成与特性。

二、实验原理

由一个简单离子（中心原子）和一定数目的中性分子或负离子(配体)通过配位键结合成复杂的结构单元叫配离子。配离子有一定的组成和空间构型；配离子分为配阳离子和配阴离子，含配离子的化合物叫配合物。

配离子在溶液中存在着配位离解平衡，例如：

$$Cu^{2+} + 4NH_3 = [Cu(NH_3)_4]^{2+}$$

$$\frac{[Cu(NH_3)_4]^{2+}}{[Cu^{2+}] \cdot [NH_3]^4} = K_稳$$

$K_稳$ 值愈大，配离子愈稳定。

配位平衡服从化学平衡移动原理。若平衡体系的某一条件（如浓度、酸碱性等）发生改变，平衡将发生移动。

若中心原子与多齿配体形成环状结构的配合物时，则称螯合物。很多金属螯合物具有特征颜色，并且难溶于水而易溶于有机溶剂。如丁二肟在碱性条件下与 Ni^{2+} 离子生成鲜红色难溶于水的螯合物。

三、主要仪器与试剂

试管、烧杯（50ml）、漏斗、滴管、定性滤纸。

试剂名称	浓度	试剂名称	浓度
1. $CuSO_4$	$0.1mol \cdot L^{-1}$	11. $NiCl_2$	$0.1mol \cdot L^{-1}$
2. $HgCl_2$	$0.1mol \cdot L^{-1}$	12. $AgNO_3$	$0.1mol \cdot L^{-1}$
3. KI	$0.1mol \cdot L^{-1}$	13. $Na_2S_2O_3$	$0.1mol \cdot L^{-1}$
4. $Al_2(SO_4)_3$	$0.1mol \cdot L^{-1}$	14. $NaOH$	$0.1mol \cdot L^{-1}$
5. $FeCl_3$	$0.1mol \cdot L^{-1}$	15. KF	$2mol \cdot L^{-1}$
6. $BaCl_2$	$0.1mol \cdot L^{-1}$	16. H_2SO_4	$6mol \cdot L^{-1}$

试剂名称	浓度	试剂名称	浓度
7. KSCN	$0.1mol \cdot L^{-1}$	17. $NH_3 \cdot H_2O$	$2mol \cdot L^{-1}$
8. $KAl(SO_4)_2$	$0.1mol \cdot L^{-1}$	18. 乙醇	95%
9. Na_2S	$0.1mol \cdot L^{-1}$	19. 茜素磺酸钠	$10g \cdot L^{-1}$
10. $SnCl_2$	$0.1mol \cdot L^{-1}$	20. 丁二肟	$10g \cdot L^{-1}$

四、实验步骤

1. 配合物的制备

(1) $[Cu(NH_3)_4]SO_4$ 的生成　于 50mL 烧杯中加入 $0.1mol \cdot L^{-1}CuSO_4$ 溶液 2mL，逐滴加入 $2mol \cdot L^{-1}NH_3 \cdot H_2O$ 溶液，边滴边摇动烧杯，至最初生成的沉淀溶解为止。然后加入约 8mL 乙醇，振摇烧杯，观察现象，过滤。所得沉淀（晶体）为何物？将盛有沉淀的漏斗插入另一洁净试管中，直接在滤纸上滴加 $2mol \cdot L^{-1}NH_3 \cdot H_2O$ 溶液（约 2mL），使沉淀溶解。写出反应方程式。保留滤液供下面实验用。

(2) $K_2[HgI_4]$ 的生成　于试管中加入 $0.1mol \cdot L^{-1}HgCl_2$ 溶液（有毒！）2~4 滴，逐滴加入 $0.1mol \cdot L^{-1}KI$ 溶液，观察红色沉淀的生成，再继续滴加 $0.1mol \cdot L^{-1}KI$ 溶液至沉淀溶解，写出反应方程式。保留溶液供下面实验用。

(3) $K_3(FeF_6)$ 的生成　于试管中加入 $0.1mol \cdot L^{-1}FeCl_3$ 溶液 5 滴，然后逐滴加入 $2mol \cdot L^{-1}KF$ 溶液至溶液变成无色。写出反应方程式，保留溶液供下面实验用。

(4) $K_3[AlF_6]$ 的生成　于试管中加入 $0.1mol \cdot L^{-1}Al_2(SO_4)_3$ 溶液 5 滴，然后加 $2mol \cdot L^{-1}KF$ 溶液 10 滴，充分摇匀，使配位反应完全。写出反应方程式。保留溶液供下面实验用。

2. 配合物的组成——内界和外界

于两支试管中各加入 $0.1mol \cdot L^{-1}CuSO_4$ 溶液 5 滴，然后于其中一支试管中加入几滴 $0.1mol \cdot L^{-1}BaCl_2$ 溶液，于另一支试管中加入几滴 $0.1mol \cdot L^{-1}NaOH$ 溶液，观察现象，写出反应式。

另取两支试管，各加入步骤 1.(1) 中自己制备的 $[Cu(NH_3)_4]^{2+}$ 溶液 5 滴，再于其中一支试管中加几滴 $0.1mol \cdot L^{-1}BaCl_2$ 溶液，于另一支试管中加几滴 $0.1mol \cdot L^{-1}NaOH$ 溶液，观察现象，根据实验结果，解释配合物内界与外界的组成。

3. 配离子与简单离子的区别

(1) $[HgI_4]^{2-}$ 配离子与 Hg^{2+} 离子的区别　取两支试管，于一支试管中加入步骤 1.(2) 中自己制备的 $[HgI_4]^{2-}$ 溶液 3 滴，于另一支试管中加入 $0.1mol \cdot L^{-1}HgCl_2$ 溶液 3 滴，然后各加入 $1mol \cdot L^{-1}KI$ 溶液 2 滴，观察现象，写出反应式并解释之。

（2）[FeF₆]³⁻ 配离子与 Fe^{3+} 离子的区别　取两支试管，于一支试管中加入步骤 1.（3）中自己制备的[FeF₆]³⁻ 溶液 3 滴，于另一支试管中加入 $0.1mol \cdot L^{-1}FeCl_3$ 溶液 5 滴，然后各加入 $0.1mol \cdot L^{-1}KCNS$ 溶液 2 滴，观察现象，写出反应式并解释之。

4. 配离子与复盐的区别

取步骤 1.（4）自己制备的[AlF₆]³⁻ 溶液 1 滴，置滤纸片一端上，取 $0.1mol \cdot L^{-1}$ $KAl(SO_4)_2$（明矾）溶液 1 滴置滤纸片另一端上，然后各加 $10g \cdot L^{-1}$ 茜素磺酸钠 1 滴和 $2mol \cdot L^{-1}NH_3 \cdot H_2O$ 溶液 1 滴，若有红色斑点生成示有 Al^{3+} 存在。观察结果，解释原因。

5. 配位平衡的移动

（1）配位平衡与沉淀平衡　于两支试管中各加入步骤 1.（1）中自己制备的[Cu(NH₃)₄]²⁺ 溶液 5 滴，然后，于其中一支试管中加 $0.1mol \cdot L^{-1}NaOH$ 溶液 3 滴，于另一试管中加 $0.1mol \cdot L^{-1}Na_2S$ 溶液 3 滴，观察结果，写出反应式并解释之。

（2）配位平衡与氧化还原　于一支试管中加入步骤 1.（2）中自己制备的[HgI₄]²⁻ 溶液 5 滴，于另一试管中加入 $0.1mol \cdot L^{-1}HgCl_2$ 溶液 5 滴，然后各逐滴加入 $0.1mol \cdot L^{-1}SnCl_2$ 溶液，比较两试管中发生的变化，写出反应式并解释之。

（3）配位平衡与溶液的酸碱性　取步骤 1.（3）中自己制备的[FeF₆]³⁻ 溶液各 5 滴分置两支试管中，然后于其中一支试管内滴加 $0.2mol \cdot L^{-1}NaOH$ 溶液，于另一试管内滴加 $6mol \cdot L^{-1}H_2SO_4$ 溶液，观察现象，写出反应式并解释之。

6. 配离子稳定性的比较

于两支试管中，各加入 $0.1mol \cdot L^{-1}AgNO_3$ 溶液 5 滴，于其中一支试管内逐滴加入 $1mol \cdot L^{-1}Na_2S_2O_3$ 溶液约 12 滴，观察生成的沉淀又溶解。于另一支试管内逐滴加入 $2mol \cdot L^{-1}NH_3 \cdot H_2O$ 溶液 12 滴，观察生成的沉淀又溶解。然后向两支试管中各加入 2 滴 $0.1mol \cdot L^{-1}KI$ 溶液，观察两管发生的现象，写出反应式，比较两种配离子稳定性的相对大小，并解释之。

7. 螯合物的生成

于试管中加入 $0.1mol \cdot L^{-1}NiCl_2$ 溶液 2 滴和 $2mol \cdot L^{-1}NH_3 \cdot H_2O$ 溶液 1 滴，然后加入 $10g \cdot L^{-1}$ 丁二肟（多齿配体）溶液 2 滴，观察现象。

五、思考讨论题

1. 总结本实验中所观察到的现象，说明配离子与简单离子的区别。

2. 归纳影响配位平衡移动的因素，从配离子稳定性的比较了解不稳定常数与稳定常数的意义。

3. 什么叫螯合物？有何特性与特征。

六、数据记录及处理结果

表 11-1 配合物的制备

编号	反应物	现象	配位反应
1	$0.1mol \cdot L^{-1}CuSO_4+2mol \cdot L^{-1}NH_3 \cdot H_2O$ 上述溶液十乙醇十 $2mol \cdot L^{-1}NH_3 \cdot H_2O$		
2	$0.1mol \cdot L^{-1}HgCl_2+0.1mol \cdot L^{-1}KI$		
3	$0.1mol \cdot L^{-1}FeCl_3+2mol \cdot L^{-1}KF$		
4	$0.1mol \cdot L^{-1}Al_2(SO_4)_3+2mol \cdot L^{-1}KF$		

表 11-2 配合物的组成

管号	内装液体	加入试剂	现象	离子反应
1	$0.1mol \cdot L^{-1}CuSO_4$	$0.1mol \cdot L^{-1}BaCl_2$		
2	$0.1mol \cdot L^{-1}CuSO_4$	$0.1mol \cdot L^{-1}NaOH$		
3	自配溶液 1	$0.1mol \cdot L^{-1}BaCl_2$		
4	自配溶液 1	$0.1mol \cdot L^{-1}NaOH$		

结论

表 11-3 配离子与简单离子的区别

编号	管号	内装液体	加入试剂	现象	离子反应式
（1）	1	自配溶液 2	$0.1mol \cdot L^{-1}KI$		
	2	$0.1mol \cdot L^{-1}HgCl_2$			
（2）	3	自配溶液 3	$0.1mol \cdot L^{-1}KSCN$		
	4	$0.1mol \cdot L^{-1}FeCl_3$			

结论

表 11-4 配离子与复盐的区别

检验溶液	所用试剂	现象	原因
自配溶液 4	$10g \cdot L^{-1}$ 茜素磺酸钠		
$0.1mol \cdot L^{-1}KAl(SO_4)_2$	$2mol \cdot L^{-1}NH_3 \cdot H_2O$		

表 11–5　配位平衡的移动

试液	试剂	现象	离子反应式
自配溶液 1	$0.1mol \cdot L^{-1}NaOH$		
自配溶液 1	$0.1mol \cdot L^{-1}Na_2S$		
自配溶液 2	$0.1mol \cdot L^{-1}SnCl_2$		
$0.1mol \cdot L^{-1}HgCl_2$	$0.1mol \cdot L^{-1}SnCl_2$		
自配溶液 3	$0.1mol \cdot L^{-1}NaOH$		
自配溶液 3	$0.1mol \cdot L^{-1}H_2SO_4$		

表 11–6　配离子稳定性

管号	内装液体	加入试剂	现象	离子反应式
1	$1mol \cdot L^{-1}$ AgNO$_3$	$1mol \cdot L^{-1}Na_2S_2O_3$ $0.1mol \cdot L^{-1}KI$		
2		$2mol \cdot L^{-1}NH_3 \cdot H_2O$ $0.1mol \cdot L^{-1}KI$		

表 11–7　螯合物的生成

内装液体	加入试剂	现象	离子反应式
$0.1mol \cdot L^{-1}NiCl_2 + 2mol \cdot L^{-1}NH_3 \cdot H_2O$	$10g \cdot L^{-1}$ 丁二肟		

实验 12　配合物的组成与稳定常数的测定

一、实验目的

1. 学习用浓比递变法测定配合物的组成和稳定常数。
2. 熟练掌握 7220 型分光光度计的使用方法。

二、实验原理

金属离子 M 和配位体 L 形成配位化合物的反应为：

$$M + nL \Longrightarrow MLn \qquad （忽略离子的电荷）$$

方程式中的 n 为配合物的配位数，反应的平衡常数为配合物的稳定常数 Ks，它们可用分光光度法按浓度比递变法测定。其操作是将相同摩尔浓度的金属离子和配体，以不同的体积比混合至一定的总体积，在配合物最大吸收波长处测量其吸光度，当溶液中配合物的浓度最大时，配位数 n 为：

$$n = \frac{c_L}{c_M} = \frac{1-f}{f} \qquad (1)$$

式中，c_M 和 c_L 分别为金属离子和配体的浓度；f 为金属离子在总浓度中所占分数。

$$c_M + c_L = c = 常数$$

$$f = \frac{c_M}{c} \qquad (2)$$

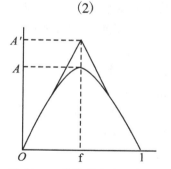

图 12-1　浓比递变法吸光度图

以吸光度对 f 作图（见图 12-1）。当 $f = 0$ 或 1 时，配合物的浓度为零。图中吸光度值最大处的 f 值，即为配合物浓度达最大时的 f 值。1：1 型配合物，吸光度值最大处的 f 值为 0.5，1：2 型的 f 值为 0.34 等。

若配合物为 ML，从图中可知，测得的最大吸光度为 A，它略低于延长线交点的吸光度 A'，这是因为配合物有一定程度的离解，A' 为配合物完全不离解时的吸光度值，A' 与 A 之间差别愈小，说明配合物愈稳定。由此可计算出配合物的稳定常数：

$$K = \frac{[ML]}{[M][L]} \qquad (3)$$

因配合物溶液的吸光度与配合物的浓度成正比，故

$$A/A' = \frac{[ML]}{c'} \tag{4}$$

式中，c' 为配合物完全不离解时的浓度，其值为：

$$c' = c_M = c_L$$

而

$$[M] = [L] = c' - [ML] = c' - c'\frac{A}{A'} = c'\left[1 - \frac{A}{A'}\right] \tag{5}$$

将式（4）和式（5）代入式（3），整理后得

$$K = \frac{A/A'}{[1 - A/A']^2 c'} \tag{6}$$

三、主要仪器及试剂

7220 型分光光度计，容量瓶（50mL×7），吸量管（10mL×2），滴管 0.0100mol·L^{-1} 磺基水杨酸，0.0100mol·L^{-1} 硫酸铁铵溶液，0.1mol·L^{-1}HClO$_4$

四、实验步骤

1. 系列溶液的配制

按表 12–1，用吸量管吸取 0.0100mol·L^{-1} 的磺基水杨酸溶液和 0.0100mol·L^{-1} 硫酸铁铵溶液于 7 只 50mL 容量瓶中，加 0.1mol·L^{-1}HClO$_4$ 稀释至刻度，摇匀，即得不同浓度的磺基水杨酸合铁溶液。

2. 配合物吸收曲线的测绘

用步骤 1 中 4 号溶液，以蒸馏水为参比，在波长 400～700nm 范围，每隔 20nm 测得一次吸光度，峰值附近每隔 5nm 测量一次，绘制吸收曲线，找出最大吸收波长。

3. 系列溶液的吸光度测量

将步骤 1 配制的溶液，以蒸馏水为参比，在配合物最大吸收波长处测其吸光度。

五、思考讨论题

1. 浓比递变法测定配合物的稳定常数有什么条件？
2. 酸度对测定配合物的组成有什么影响？

六、数据记录及处理结果

（1）金属离子摩尔浓度与总摩尔浓度之比为横坐标，吸光度为纵坐标作图，求配合物组成。

表 12-1　磺基水杨酸合铁溶液配制及吸光度 A 测定

编号	1	2	3	4	5	6	7
0.0100mol·L⁻¹ 磺基水杨酸 /mL	1	2	3	5	7	8	9
0.0100mol·L⁻¹ 硫酸铁铵溶液 /mL	9	8	7	5	3	2	1
0.1mol·L⁻¹HClO₄/mL				40			
A							
$\dfrac{c_M}{c}$							

吸收光谱附图：

表 12-2　磺基水杨酸合铁溶液吸收光谱测定

λ（nm）
A
λ max

（2）求磺基水杨酸合铁的稳定常数。

实验13　氧化还原反应与电极电位的比较

一、实验目的

1. 加深对电极电位与氧化还原反应方向的关系，以及反应物浓度和介质酸度对氧化还原反应的影响等理论知识的理解。

2. 学习酸度计测定原电池电动势的方法。

二、实验原理

氧化还原反应是氧化剂和还原剂之间发生电子转移的过程。氧化剂在反应中得到了电子，还原剂失去了电子。这种得失电子能力的大小或氧化还原能力的强弱，可用它们的氧化态与还原态所组成的电对 Cl_2/Cl^-，Br_2/Br^-，I_2/I^-，Fe^{3+}/Fe^{2+} 等的电极电位的相对高低来衡量。一个电对的电极电位的代数值越大，其氧化态的氧化能力越强，其还原态的还原能力越弱；反之亦然。所以根据电极电位（φ）的大小，便可判断一个氧化还原反应进行的方向。例如：$\varphi_{Cl_2/Cl^-}=1.358V$，$\varphi_{Br_2/Br^-}=0.535V$，$\varphi_{Fe^{3+}/Fe^{2+}}=0.77V$，所以在下列反应中：

$$2Fe^{3+}+2I^-=2Fe^{2+}+I_2 \tag{1}$$

$$2Fe^{3+}+2Br^-=2Fe^{2+}+Br_2 \tag{2}$$

$$2Br^-+Cl_2=Br_2+2Cl^- \tag{3}$$

式（1）应向右进行，式（2）应向左进行，式（3）应向右进行。

即氧化态的氧化能力依次：$Cl_2>Br_2>Fe^{3+}>I_2$，还原态的还原能力为 $I^->Fe^{2+}>Br^->Cl^-$。

在 298K 时，浓度与电极电位的关系可由能斯特方程表示：

$$\varphi = \varphi^0 + \frac{0.05916}{n} \lg \frac{[Ox]}{[Red]}$$

（氧化态）和（还原态）浓度的改变都会影响其电极电位的大小。特别是有沉淀剂或配位剂的存在，能够大大减少某一离子浓度时，对氧化还原反应的方向、速度和产物都会产生影响。有些氧化还原反应中，有 H^+ 参加，这时介质的酸度也会对 φ 值产生影响。例如对于半电池

$$\varphi = \varphi^0_{(MnO_4^-/Mn^{2+})} + \frac{0.05916}{5} \lg \frac{[MnO_4^-] \cdot [H^+]^8}{[Mn^{2+}]}$$

（H^+）增大，可使氧化性增强。

单独的电极电位是无法测量的，只能从实验中测量两个电对组成的原电池电动势。在一定条件下一个原电池的电动势 E 为正、负电极的电极电位之差：

$$E = \varphi_+ - \varphi_-$$

准确的电动势是用对消法在电位差计上测量。本实验只用酸度计进行近似测量。

三、主要仪器试剂

酸度计 PHS–3C 型、试管、试管架、烧杯（50mL）、铜电极、锌电极、玻棒、盐桥。

表 13–1　主要试剂

试剂名称	浓度	试剂名称	浓度
1. KI	$0.1mol \cdot L^{-1}$	10. $KMnO_4$	$0.01mol \cdot L^{-1}$
2. KBr	$0.1mol \cdot L^{-1}$	11. NaOH	$6\ mol \cdot L^{-1}$
3. $FeCl_3$	$0.1mol \cdot L^{-1}$	12. $CuSO_4$	$0.5mol \cdot L^{-1}$
4. $SnCl_2$	$0.1mol \cdot L^{-1}$	13. $NH_3 \cdot H_2O$	浓
5. Na_2SO_3	$0.1mol \cdot L^{-1}$	14. Br_2 水	饱和
6. $ZnSO_4$	$0.1mol \cdot L^{-1}$	15. I_2 水	饱和
7. $HgCl_2$	$0.1mol \cdot L^{-1}$	16. Cl_2 水	饱和
8. H_2SO_4	$3\ mol \cdot L^{-1}$	17. CCl_4	
9. HAc	$6\ mol \cdot L^{-1}$	18. H_2O_2	3%

四、实验步骤

1. 常见的氧化剂和还原剂反应

（1）$KMnO_4$ 的氧化性　在试管中加入 $0.01mol \cdot L^{-1}$ $KMnO_4$ 溶液 10 滴及 $3mol \cdot L^{-1}H_2SO_4$ 溶液 5 滴酸化，然后逐滴加入 3% H_2O_2 溶液，振荡试管并观察现象，解释并写出反应方程式。

（2）H_2O_2 的氧化性　在试管中加入 $0.1mol \cdot L^{-1}$KI 溶液 10 滴及 $3mol \cdot L^{-1}H_2SO_4$ 溶液 5 滴酸化，再逐滴加入 3% H_2O_2 溶液，边加边摇。观察现象并解释原因，写出反应方程式。

（3）$SnCl_2$ 的还原性　在试管中加入 $0.1mol \cdot L^{-1}HgCl_2$ 溶液 5 滴，再加入 $0.2mol \cdot L^{-1}SnCl_2$ 溶液 2 滴，观察生成沉淀的颜色，写出反应式。继续滴加 $SnCl_2$

溶液，观察沉淀颜色的变化，解释现象，写出反应式。

2. 电极电位与氧化还原反应的关系

(1) 在试管中加入 10 滴 $0.1mol \cdot L^{-1}$KI 溶液和 5 滴 $0.1mol \cdot L^{-1}$FeCl$_3$ 溶液，摇匀后加入 10 滴 CCl$_4$。充分振荡，观察 CCl$_4$ 液层颜色有无变化？（I$_2$ 在 CCl$_4$ 中呈紫红色）

(2) 用 $0.1mol \cdot L^{-1}$KBr 溶液代替 KI 溶液进行同样实验，观察现象。（Br$_2$ 在 CCl$_4$ 中呈棕色）

(3) 在试管中先加入 10 滴 $0.1mol \cdot L^{-1}$KBr 溶液，然后再加入氯水 4~5 滴，摇匀后，加入 10 滴 CCl$_4$，充分振荡，观察 CCl$_4$ 液层颜色有无变化。

根据上述实验现象写出反应式，并定性比较 Cl$_2$/Cl$^-$、Br$_2$/Br$^-$、I$_2$/I$^-$、Fe^{3+}/Fe^{2+} 四个电对电极电位的相对高低。

3. 酸度对氧化还原反应的影响

(1) 在 2 支各盛有 $0.1mol \cdot L^{-1}$KBr 溶液 10 滴的试管中，分别加入 $3mol \cdot L^{-1}$H$_2$SO$_4$ 溶液 5 滴和 $6mol \cdot L^{-1}$HAc 溶液 5 滴，然后各加入 $0.01mol \cdot L^{-1}$KMnO$_4$ 溶液 2 滴，观察并比较两试管中紫色溶液褪色的快慢，写出反应方程式并解释原因。

(2) 在 3 支各盛有 $0.1mol \cdot L^{-1}$Na$_2$SO$_3$ 溶液 10 滴的试管中，分别加入 $3mol \cdot L^{-1}$H$_2$SO$_4$ 溶液、蒸馏水和 $6mol \cdot L^{-1}$NaOH 溶液各 10 滴，混匀后，再各加入 $0.01mol \cdot L^{-1}$KMnO$_4$ 溶液 2 滴，观察颜色的变化，解释现象并写出反应试。

4. 浓度对电极电位的影响—测定原电池电动势

(1) 往 2 只小烧杯中分别加入 $0.5mol \cdot L^{-1}$CuSO$_4$ 溶液和 $0.5mol \cdot L^{-1}$ZnSO$_4$ 溶液各 20mL，再分别插入 Cu 电极和 Zn 电极，装好盐桥。用酸度计测定该原电池的电动势 E（酸度计测定电动势的操作方法见 6.1 酸度计）。

(2) 往 CuSO$_4$ 溶液中，按下述反应加入需要量的浓 NH$_3 \cdot$H$_2$O，搅拌析出沉淀后，再滴加浓 NH$_3 \cdot$H$_2$O 使沉淀恰好溶解，测定其电动势 E$_1$。

$2CuSO_4 + 2NH_3 \cdot H_2O = Cu_2(OH)_2SO_4 + (NH_4)_2SO_4$

$Cu_2(OH)_2SO_4 + 8NH_3 \cdot H_2O = 2[Cu(NH_3)_4]^{2+} + 2OH^- + SO_4^{2-} + 8H_2O$

(3) 用与(2)相同的方法，保持 CuSO$_4$ 溶液浓度不变，加浓 NH$_3 \cdot$H$_2$O 于 ZnSO$_4$ 溶液中，测定其电动势 E$_2$。

$ZnSO_4 + 2NH_3 \cdot H_2O = Zn(OH)_2 + (NH_4)_2SO_4$

$Zn(OH)_2 + 2NH_3 \cdot H_2O = [Zn(NH_3)_4]^{2+} + 2OH^- + 4H_2O$

由上述 (1)、(2) 和 (3) 试验，说明浓度对电极电位的影响。

五、思考讨论题

1. 为什么 KMnO$_4$ 能氧化浓盐酸中的 Cl$^-$，而不能氧化氯化钠中的 Cl$^-$？

2. 酸度对 Cl$_2$/Cl$^-$、Br$_2$/Br$^-$、I$_2$/I$^-$、Fe^{3+}/Fe^{2+}、Cu^{2+}/Cu、Zn^{2+}/Zn 电对的电极电位有无影响？为什么？

3. 若用适量溴水，碘水分别与同浓度的 $FeSO_4$ 溶液反应，估计 CCl_4 液层中的颜色。

4. 根据能斯特方程说明浓度对电极电位的影响。

附注：

盐桥的制法：称取 1g 琼脂，放在 100mL 饱和的 KCl 溶液中浸泡一会，加热煮成糊状，趁热倒入 U 型玻璃管（里面不能留有气泡）中，冷却后即成。不用时应放在饱和 KCl 溶液中浸泡。

六、数据记录及结果处理

表 13-2 常见的氧化剂与还原剂的反应

实验项目	实验现象	反应方程式	解释或结论
$KMnO_4$ 的氧化性			
H_2O_2 的氧化性			
$SnCl_2$ 的还原性			

表 13-3 电极电位与氧化还原反应的关系

项目	实验现象	反应方程式	解释或结论
$KI+FeCl_3$			
$KBr+FeCl_3$			
$KBr+Cl_2$			

定性比较电对电极电位的高低：

表 13-4 酸度对氧化还原反应的影响

试液	酸/碱	滴加试剂	颜色变化情况	反应式
KBr	H_2SO_4	$KMnO_4$		
	HAc			
Na_2SO_3	H_2SO_4	$KMnO_4$		
	H_2O			
	NaOH			

表 13-5 浓度对氧化还原反应的影响

原电池的组成	电极电位	结论

实验 14 吸光光度法测定水样中铁含量

一、实验目的

1. 熟悉吸光光法度测定铁含量的原理和方法。

2. 掌握 7220 型分光光度计的使用方法。

二、实验原理

根据 Lambert–Beer 定律，当具有一定波长的单色光通过一定厚度 (b) 的有色物质溶液时，有色物质对光的吸收程度（用吸光度 A 表示）与有色物质的浓度 (c) 成线性关系。

$$A = \varepsilon bc$$

式中，c 是溶液的物质的量浓度；ε 是摩尔吸光系数，它是各种有色物质在一定波长下的特征常数。在吸光光度法中，当条件一定时，ε，b 均为常数，此时溶液的吸光度 (A) 与有色物质的浓度成正比。

因此，一定条件下只要测出各不同浓度的标准溶液的吸光度值，以浓度为横坐标，吸光度为纵坐标即可绘制标准曲线（或称工作曲线）。在同样条件下，测定待测溶液的吸光度值，然后从标准曲线找出其浓度。

吸光光度法测定通常要选择合适的波长。对某一溶液在不同波长下测定其吸光度，以吸光度对波长作图，可得吸收光谱，从吸收光谱中可找出最大吸收波长 (λ_{max})。

此外，溶液的酸度、显色剂的用量、显色的温度、时间及显色物质的组成等，都是影响测定的因素，必要时可进行测定条件的选择。

邻二氮菲（邻菲罗啉）是目前吸光光度法测定铁含量的较好试剂，在 pH 为 3 ~ 9 的溶液中，试剂与 Fe^{2+} 生成稳定的橘红色配合物（$\lg K_s = 21.3$），$\varepsilon_{508nm} = 1.1 \times 10^4 \, L \cdot mol^{-1} \cdot cm^{-1}$。该显色反应中铁必须是亚铁状态，因此，在显色前要加入还原剂，如盐酸羟胺，反应如下：

$$2Fe^{3+} + 2NH_2OH \cdot HCl = 2Fe^{2+} + N_2\uparrow + 2H_2O + 4H^+ + 2Cl^-$$

三、主要仪器试剂

7220型分光光度计、容量瓶（50mL）、刻度吸量管。

邻菲罗啉（$1.5g \cdot L^{-1}$）、盐酸羟胺（$100g \cdot L^{-1}$）、NaAc（$1mol \cdot L^{-1}$）。

铁标准溶液（$10 \mu g \cdot mL^{-1}$）：准确称取0.8634g $NH_4Fe(SO_4)_2 \cdot 12H_2O$置于烧杯中，加入$6mol \cdot L^{-1}$ HCl 20mL和少量蒸馏水，溶解后转入1000mL容量瓶中，加蒸馏水稀释至刻度，摇匀备用。用移液管吸取10mL上述溶液于100mL容量瓶中，加入2mL $6mol \cdot L^{-1}$HCl溶液，以蒸馏水稀释至刻度，摇匀。此溶液铁的质量浓度为$10 \mu g \cdot mL^{-1}$。

四、实验步骤

1. 标准溶液和待测溶液的配制

取50mL容量瓶7个，按表14–1所列的量，用吸量管量取各种溶液加入到容量瓶中，加蒸馏水稀释至刻度，摇匀。即配成一系列标准溶液及待测溶液。

表14–1　标准溶液及待测溶液

容量瓶编号	1(空白)	2	3	4	5	6	7
标准铁溶液（mL）	0	2.0	4.0	6.0	8.0	10.0	待测（水样10.00mL）
盐酸羟胺（mL）	1.0	1.0	1.0	1.0	1.0	1.0	1.0
邻菲罗啉（mL）	2.0	2.0	2.0	2.0	2.0	2.0	2.0
醋酸钠溶液（mL）	5.0	5.0	5.0	5.0	5.0	5.0	5.0

2. 吸收光谱的测定

取（表14–1）中的4号瓶溶液，按7220型分光光度计的使用方法（详见第一部分6.2分光光度计），选择波长为450～560nm范围内，以试剂空白作为参比溶液，每隔10～20nm，测定一次溶液的吸光度，记录实验数据并绘制吸收光谱，找出最大吸收波长λ_{max}。

3. 绘制标准曲线

选择波长为$\lambda=508nm$，以试剂空白作为参比溶液，测出所配一系列标准溶液的吸光度，以标准Fe^{2+}离子的浓度（$\mu g \cdot mL^{-1}$）为横坐标，吸光度（A）为纵坐标绘制标准曲线。

4. 待测水样中Fe^{2+}离子浓度的测定

将所配待测水样同标准曲线条件下测其吸光度，即可从标准曲线上查得其浓度。

五、思考讨论题

1. 为什么要控制被测液的吸光度最好在0.15～0.8的范围内？如何控制？

2. 由工作曲线查出的待测铁离子的浓度是否是原始待测液中铁离子的浓度？

六、数据记录及处理结果

表 14-2　最大吸收波长的测定

λ（nm）
A

表 14-3　标准曲线

测定液编号	1	2	3	4	5	6	水样（10.00mL）
吸光度 A							

插入曲线图谱：

待测液（水样）的含铁量（$\mu g \cdot mL^{-1}$）：

实验 15 溶胶的制备、净化与性质

一、实验目的

1. 了解溶胶的制备和净化方法。

2. 认识溶胶的光学、电学性质及溶胶的聚沉现象。

3. 学习使用离心机和离心分离操作。

二、实验原理

溶胶是胶粒均匀分散在液体介质中所形成的高分散多相体系，胶体粒子的直径一般在 $1 \sim 100nm$ 范围内。

制备溶胶常用的两种方法是：

1. 凝聚法

即在一定条件下使分子或离子聚结为胶粒。加热使稀 $FeCl_3$ 溶液水解制备氢氧化铁溶胶，酒石酸锑钾（$SbKC_4H_4O_6$）溶液与饱和 H_2S 溶液发生复分解反应形成三硫化二锑溶胶等均属此法。

2. 分散法

将大颗粒分散相在一定条件下分散为胶粒。在实验时洗涤沉淀过程中有时会形成溶胶，例如 AgCl 沉淀用蒸馏水洗涤时可分散成带负电荷的溶胶。

制备的溶胶中，会有一些低分子量的溶质及电解质等杂质，常会影响溶胶的稳定性，可用渗析法使溶胶净化。

在暗室里，当一束汇聚光通过溶胶时，胶粒对光产生散射作用，其本身便成为一个小的发光体，从侧面可以看到在溶胶中有一条胶粒散射所形成的光路，这就是丁道尔现象。产生丁道尔现象是溶胶的一个特征。

具有较大表面积的胶粒，可选择吸附溶液中的离子而带电，胶核表面具有溶剂化的双电层结构，从而使溶胶体系稳定存在。例如 $Fe(OH)_3$ 溶胶吸附 FeO^+ 而带正电；Sb_2S_3 溶胶吸附 HS^- 而带负电。带电的胶粒在外电场作用下向相反电性的电极移动的现象，称为电泳。

溶胶是热力学不稳定体系，具有聚结不稳定性。加入一定量的电解质可以引起溶胶聚沉。电解质的聚沉作用主要是电解质中与胶粒带相反电荷的离子引起的。电解质的聚沉能力随引起聚沉离子的价数的增加而增强。此外加热也可以降低溶胶的稳定性，使其聚沉。

加入高分子溶液（如动物胶）可以增大溶胶的稳定性，具有保护作用；但是如果加入的量很少，不但不起保护作用，反而降低其稳定性，促使其聚沉，这种现象称之为敏化作用。

三、主要仪器及试剂

电动离心机、观察丁道尔效应装置、电泳仪、烧杯（100mL）、量筒（10mL、50mL）、酒精灯、锥形瓶（100mL）、三脚架、试管、离心试管。

$FeCl_3$（$0.1mol \cdot L^{-1}$）、酒石酸锑钾（0.4%）、$K_4[Fe(CN)_6]$（$0.1mol \cdot L^{-1}$）、$AgNO_3$（$0.1mol \cdot L^{-1}$）、$KSCN$（$0.5mol \cdot L^{-1}$）、HCl（$0.001mol \cdot L^{-1}$）、$NaCl$（$0.05mol \cdot L^{-1}$）、$CaCl_2$（$0.05mol \cdot L^{-1}$）、$AlCl_3$（$0.05mol \cdot L^{-1}$）、饱和硫化氢溶液、$CuSO_4$（$0.1mol \cdot L^{-1}$）、$NaCl$（$0.5mol \cdot L^{-1}$）、动物胶（1%）。

四、实验步骤

1. 溶胶的制备

（1）水解反应制备氢氧化铁溶胶 在 100mL 小烧杯中注入蒸馏水 25mL，加热至沸，然后边搅拌边逐滴加入 $0.1mol \cdot L^{-1}FeCl_3$ 溶液 4mL，继续煮沸 12 分钟，观察颜色变化，写出反应式，保留溶胶供后面实验用。

（2）复分解反应制备三硫化二锑溶胶 在 100mL 小烧杯中盛 0.4%酒石酸锑钾溶液 20mL，然后滴加饱和硫化氢水溶液，并适当搅拌，直到溶液变成橙红色溶胶为止，写出反应式，保留溶胶供后面实验用。

2. 溶胶的净化 – 渗析

（1）渗析袋的准备 于一充分洗净烘干的 100mL 锥形瓶内，倒入约 10mL 火棉胶溶液，慢慢转动锥形瓶，使火棉胶液在内壁上形成一层均匀的薄膜，倾出多余的火棉胶，倒置锥形瓶于铁圈上，让乙醚挥发至用手轻触胶膜而不粘着，在瓶口剥开一部分膜，在此膜和瓶壁之间灌水至满，轻轻取出所成之袋，用蒸馏水检查是否漏水，如漏水只须找有漏洞的部分，用玻棒蘸火棉胶少许，轻轻接触漏洞即可补好。或者用丙酮处理过的玻璃纸代替火棉胶渗析袋也可。

（2）渗析 将制备的氢氧化铁溶胶注入渗析袋中，用线拴住袋口，置于盛有蒸馏水的烧杯内，每隔 20 分钟换水一次，并检查水中的 Cl^- 和 Fe^{3+}（分别用 $AgNO_3$ 和 $KSCN$ 试剂）、直至不能检查出 Cl^- 和 Fe^{3+} 为止。

3. 丁道尔效应

将所制好的溶胶装入试管或小烧杯中，对准光束，观察丁道尔效应，再用 $0.1mol \cdot L^{-1}CuSO_4$ 溶液作同样观察，则无此现象。

4. 电泳现象

于洗净的 U 型管中，注入所制好的三硫化二锑溶胶，然后分别在两侧管内的溶胶面上小心地注入 $0.001mol \cdot L^{-1}HCl$ 溶液，使溶胶与溶液之间有明显的界面。在 U 型管的两端各插一根铂电极，接上直流电源，通电到一定时间后，观察溶胶界面移动的方向，判断溶胶所带电性。同法进行氢氧化铁溶胶的电泳试验，观察结果。

　　5. 溶胶的聚沉

　　（1）取 3 支试管各加入三硫化二锑溶胶 1mL，依次分别滴加 $0.05mol \cdot L^{-1}NaCl$、$CaCl_2$、$AlCl_3$ 溶液。至每个试管刚出浑浊为止。记下每种电解质溶液引起溶胶发生聚沉所需要的最小量。简要说明聚沉所需电解质溶液的数量和它们的阳离子电荷关系。

　　（2）在一支试管中，加入氢氧化铁溶胶和三硫化二锑溶胶各 2mL，振摇混匀，观察所出现的现象，并解释之。

　　（3）取 2mL 三硫化二锑溶胶于试管中并加热至沸，观察有何变化？并解释原因。

　　6. 动物胶的保护作用和敏化作用

　　（1）保护作用　取 2 支试管，于一支试管中加入 1%动物胶溶液 1mL，在第 2 支试管中加蒸馏水 1mL，然后在两支试管中各加入三硫化二锑溶胶 2mL，并小心振荡试管，约 3 分钟后，再在两支试管中各加入 $0.5mol \cdot L^{-1}NaCl$ 溶液 1mL，摇匀，比较两管中的现象，并解释之。

　　（2）敏化作用　取 2 支试管，各加入三硫化二锑溶胶 5mL，于其中一支试管中加入 1%动物胶溶液 2 滴，再于两试管中加入 $0.5mol \cdot L^{-1}NaCl$ 溶液 5 滴摇匀，比较两管中的现象，并解释之。

　　注释：

　　饱和硫化氢溶液的制备：取一定量的固体 FeS 放入启普发生器中，将出气导管插入盛有蒸馏水的棕色试剂瓶中，加适量 $6mol \cdot L^{-1}HCl$ 或 H_2SO_4 溶液于启普发生器中即可产生硫化氢气体，通气一段时间即制得饱和硫化氢溶液。

五、思考讨论题

　　1. 写出本实验中制备氢氧化铁溶胶、三硫化二锑溶胶的反应式和胶团结构。

　　2. 为什么半透膜能净化溶胶？

　　3. 电泳和电渗有何不同？它们能说明溶胶的什么性质？

　　4. 从自然现象和日常生活中举出两个胶体聚沉的例子。

六、数据记录及结果处理

表 15-1　溶胶的制备

溶胶名称	制备反应	现象

表 15-2　溶胶的净化—渗析

检查离子	
检查反应	
检查反应	

表 15-3　丁道尔效应和电泳

	现象
丁道尔效应	
电泳	

表 15-4　不同电解质对溶胶的聚沉

溶胶名称	加入电解质	聚沉滴数

结论（聚沉所需电解质的量与阳离子电荷关系）：

表 15-5　不同电荷的溶胶相互聚沉

正溶胶名称	负溶胶名称	现象

表 15-6　动物胶的保护作用

试管号	加入试剂	现象

结论：

表 15-7　动物胶的敏化作用

试管号	加入试剂	现象

结论：

实验 16　氟离子选择电极测定水中氟的含量

一、实验目的

1. 掌握用氟离子电极测定氟离子含量的基本方法。
2. 了解氟离子选择电极的结构、作用原理及特点。

二、实验原理

氟离子选择电极是用 LaF_3 单晶膜制成的，可作为指示电极，与用做参比的甘汞电极一道侵入 pH 值一定的含氟离子溶液时，便组成了原电池：

$$氟离子电极\,|F^-\,待测试液\,\|\,甘汞电极$$

可测出其电动势 E。此电动势与待测试液中氟离子活度 a_{F^-} 有关，当 pH 值在 5~7 之间，a_{F^-} 为 10^{-1}~10^{-6}mol·L^{-1} 时，存在下述线性关系：

$$E = K - \frac{2.303RT}{F} \lg a_{F^-}$$

当被测试液与标准溶液的总离子强度相同时，其活度系数相同，则上式可表示为：

$$E = K - \frac{2.303RT}{F} \lg c_{F^-}$$

即测得 E 后便可知溶液中氟离子的浓度。

为了保持各溶液的离子强度及 pH 值稳定，并减少其他离子（如 Al^{3+}）干扰，常在被测液中加入"总离子强度调节缓冲液"（TISAB）。

采用离子选择电极法作定量分析的方法有标准曲线法和标准加入法，本实验只介绍标准曲线法。

三、主要仪器及试剂

酸度计、氟化镧单晶膜电极、饱和甘汞电极、电磁搅拌器、塑料小烧杯（50mL）、容量瓶（50mL、500mL）、移液管（5mL、10mL 及 25mL）、蒸馏水。

氟离子贮备液：精确称取 2.100g（称准至 1mg）在 120℃下烘干 2 小时的 NaF 晶体置于烧杯中，加入少量蒸馏水溶解，完全溶解后转入 500mL 容量瓶，用少量水淋洗烧杯 2~3 次，洗液一并转入容量瓶，稀释至刻度，摇匀即得 10^{-1}mol·L^{-1} 的氟离子贮备液。

总离子强度调节缓冲液（TISAB）：称取 29.2gNaCl，5.9g 柠檬酸钠（$Na_3C_6H_5O_7 \cdot 2H_2O$）溶于约 300mL 水中，加 28.5mL 冰醋酸，再缓缓滴加饱和 NaOH 溶液，调节 pH 在 5.0~5.5 之间，转入 500mL 容量瓶中，加水稀释至刻度线，摇匀后贮存于塑料瓶中。

四、实验步骤

1. 电极的清洗

将甘汞电极和氟电极分别联在酸度计"+"、"−"两极上（甘汞电极接"+"端，氟电极接"−"端。酸度计的用法详见第一部分 6.1 酸度计），再将两电极插入装有蒸馏水的烧杯中，加入搅拌磁子，打开电磁搅拌器，搅拌清洗电极至测得的空白电位值在 −340mV 以下为止，若要求不高洗至 −200mV 以下即可。每测一种浓度溶液之前，均应充分清洗电极，氟电极不宜在浓溶液中长期浸泡，以免影响检出下限。

2. 标准溶液的配制

准确吸取 10^{-1}mol·L^{-1} 氟离子贮备液 5.00mL 置于 1 号 50mL 容量瓶中，加入 TISAB 溶液 10.00mL，加水稀释至刻度，摇匀即得 10^{-2}mol·L^{-1} 的氟离子标准溶液。准确吸取上述 1 号瓶中 10^{-2}mol·L^{-1} 的氟离子标准溶液 5.00mL，置于 2 号 50mL 容量瓶中，加入 TISAB 溶液 10.00mL，加水稀释至刻度，摇匀即得 10^{-3}mol·L^{-1} 的氟离子标准溶液。用同样方法配制 10^{-4}、10^{-5}、10^{-6}mol·L^{-1} 的氟离子标准溶液。

3. 标准曲线的绘制

按由稀到浓的顺序，依次将上述各标准溶液倒入 50mL 干燥的塑料小烧杯中，插入 2 支已洗净并用滤纸轻轻吸干的电极，加入搅拌磁子，开动电磁搅拌器搅拌数分钟，在酸度计上测量其稳定了的电位值（−mV 数）。以$-\lg c_F$为横坐标，以电位值（−mV）为纵坐标，在普通坐标纸上绘制标准曲线，应呈直线。

4. 水样的测定

准确吸取水样 25.00mL 置于 50mL 容量瓶中，加入 TISAB 溶液 10.00mL，加水稀释至刻度，摇匀。按上述操作测出稳定的电位值。根据所测水样电位值在标准曲线上查出其"$-\lg c_F$"值即可求得c_F值，单位为 mol·L^{-1}。实验完毕按步骤 1 清洗电极，放还原处。将所测水样中含氟量的单位换算成"mg·L^{-1}"与国家标准比较，说明是否符合饮水标准（国家标准氟化物含量不得超过 1.5mg·L^{-1}）。

五、思考讨论题

1. 用氟离子选择电极测定氟离子含量的基本原理是什么？
2. 总离子强度调节缓冲液（TISAB）有何作用？
3. 系列标准溶液的个数可否适当增减？对绘制标准曲线有何要求？

六、数据记录及结果处理

表 16-1 标准曲线的绘制

编号	F⁻离子标准溶液	E/mV	$-\lg c_{F^-}$	标准曲线
1	10^{-2}			
2	10^{-3}			
3	10^{-4}			
4	10^{-5}			
5	10^{-6}			

表 16-2 水样的测定

水样	E/mV	$-\lg c_{F^-}$	$c_{F^-}/\text{mol}\cdot\text{L}^{-1}$

实验 17　葡萄糖酸锌的制备

一、实验目的

1. 了解葡萄糖酸锌（治疗人体缺锌药物）的制备方法。
2. 学会测定锌盐的含量。

二、实验原理

葡萄糖酸钙与等摩尔的硫酸锌反应式：

$$Ca(C_6H_{11}O_7)_2 + ZnSO_4 \Longrightarrow Zn(C_6H_{11}O_7)_2 + CaSO_4\downarrow$$

锌是过渡金属元素，在氨性缓冲溶液中，锌与螯合剂（EDTA）生成稳定的无色螯合物，借助金属指示剂的颜色变化，可用络合滴定法进行含量测定。

三、主要仪器及试剂

电子天平、恒温水浴锅、抽滤装置、酸式滴定管（50mL）、电炉、蒸发皿、烧杯、量筒、分析天平。

葡萄糖酸钙、$ZnSO_4 \cdot 7H_2O$、95%乙醇、NH_3–NH_4Cl 缓冲溶液、$0.01mol \cdot L^{-1}$ EDTA 标准溶液、铬黑 T 指示剂。

四、实验步骤

1. 制备

量取 80mL 蒸馏水置烧杯中，加热至 80~90℃，加入 6.4g $ZnSO_4 \cdot 7H_2O$ 使之完全溶解，将烧杯放在 90℃的恒温水浴中，再逐渐加入葡萄糖酸钙 10g，并不断搅拌。在 90℃水浴上静置保温 20 分钟。趁热抽滤（用两层滤纸），滤液移至蒸发皿中（滤渣为 $CaSO_4$，弃去），将滤液在沸水浴上浓缩至粘稠状（体积约为 20mL）。滤液冷至室温，加 20mL95%乙醇（降低葡萄糖酸锌的溶解度），并不断搅拌，此时有大量的胶状葡萄糖酸锌析出，充分搅拌后，用倾泻法去除乙醇液。再加 20mL95%乙醇，轻轻搅拌后，沉淀慢慢转变成晶体状，抽滤至干，即得粗品（母液回收）。

重结晶：粗品加水 20mL，加热（90℃）至溶解，趁热抽滤，滤液冷至室温，加 20mL95%乙醇，充分搅拌，结晶析出后，抽滤至干，即得精品，在 50℃条件下烘干。

2. 标定 EDTA 标准溶液

（1）准确称取 0.15 ~ 0.20g 基准锌片于干净的 50mL 烧杯中，加入约 5mL $6mol \cdot L^{-1}$HCl 溶液，立即盖上表面皿，待锌片完全溶解后，以少量蒸馏水冲洗表面皿，将溶液定量转移到 250mL 容量瓶中，加蒸馏水至刻度，摇匀，计算

Zn^{2+} 标准溶液的浓度。

（2）在电子天平上称取 1.8～2.0g 乙二胺四乙酸二钠盐于 200mL 烧杯中，加蒸馏水溶解，然后倒入试剂瓶中，再加蒸馏水稀释至 500mL 左右，摇匀。

（3）用移液管吸取 25.00mL Zn^{2+} 标准溶液于锥形瓶中，加 1 滴甲基红，再滴加 7mol·L⁻¹ 氨水至溶液由红变黄，以中和溶液中过量的 HCl。然后，加 20mL 蒸馏水、10mL NH_3–NH_4Cl 缓冲溶液、2～3 滴 5g·L⁻¹ 铬黑 T 指示剂，用待标定的 EDTA 溶液滴定至溶液由紫红色刚好变为蓝绿色，记下 EDTA 的体积。平行滴定 3 次，计算 EDTA 的准确浓度。

3. 含量测定

准确称取 0.8g 葡萄糖酸锌，溶于 20mL 水中（可微热）加 10mL NH_3–NH_4Cl 缓冲溶液，加铬黑 T 指示剂 4 滴，用 0.01mol·L⁻¹ EDTA 标准溶液滴定至溶液呈蓝色。平行测定 3 次，计算样品中锌的含量：

$$锌的含量（\%）= \frac{c_{EDTA}·V_{EDTA}×65}{m_s×1000}×100\%$$

式中，c_{EDTA} 为浓度（mol·L⁻¹）；V_{EDTA} 为体积（mL），m_s 为样品的质量（g）。

五、思考讨论题

1. 了解微量元素锌在人体中的重要作用。

2. 为什么葡萄糖酸钙和硫酸锌的反应需保持在 90℃ 的恒温水浴中？

六、数据记录及结果处理

表 17-1　EDTA 标准溶液的标定

编号	1	2	3
V_{EDTA}/mL			
V_{EDTA} 平均值 /mL			
C_{EDTA}/mL			
相对偏差 /%			
平均相对偏差 /%			

表 17-2　产品含量测定

编号	1	2	3
W 葡萄糖酸锌 /g			
V_{EDTA}/mL			
锌的含量 /%			
相对偏差 /%			
平均相对偏差 /%			

实验 18　金属锌离子与牛血清白蛋白的相互作用

一、实验目的

1. 了解小分子与生物大分子的作用规律及在生命科学研究中的意义。
2. 了解紫外分光光度法的应用。
3. 进一步熟悉和掌握分光光度法基本原理和操作以及 pH 计的使用。

二、实验原理

小分子如何调控生物大分子是化学生物学重要研究内容。通过研究金属离子与牛血清白蛋白（BSA）相互作用可了解小分子与大分子结合特点以及小分子对大分子构象影响，进而了解特定小分子的生物功能及调控特点。

蛋白质是一种含多个配位基团的生物大分子，其生物功能与其特定结构密切相关。小分子（包括药物）进入人体内与蛋白质发生作用，有可能影响甚至改变蛋白质分子固有的结构和功能，因此研究小分子与蛋白质的相互作用对于了解小分子在体内的代谢过程及生物效应的作用机理有实际意义。

牛血清白蛋白在 280nm 存在特征吸收，吸收峰是其肽键上的 2 个色氨酸和 19 个酪氨酸的芳杂环 $n \rightarrow \pi^*$ 电子跃迁引起的，吸收强度随金属离子浓度的增大而增大，说明金属离子配位诱导 BSA 分子，使包围在 BSA 分子内部的色氨酸和酪氨酸残基的芳杂环疏水基团裸露出来，从而使吸收增强。

三、主要仪器试剂

紫外可见分光光度计、天平、容量瓶、烧杯、pH 计。

牛血清白蛋白（BSA）、$ZnCl_2$、三羟甲基氨基甲烷（Tris）、其他。

四、实验步骤

1. 配制 $0.05 mol \cdot L^{-1}$、pH7.2 的 Tris-HCl 缓冲溶液。
2. 配制 $1.0 \times 10^{-5} mol \cdot L^{-1}$ BSA 溶液，用上述 $0.05 mol \cdot L^{-1}$、pH7.2 的 Tris-HCl 缓冲溶液溶解。
3. 分别配制 $0.1 mol \cdot L^{-1}$ 和 $4.0 \times 10^{-4} mol \cdot L^{-1}$ 的 $ZnCl_2$ 溶液，用上述 $0.05 mol \cdot L^{-1}$、pH7.2 的 Tris-HCl 缓冲溶液溶解。
4. 先测定 $1.0 \times 10^{-5} mol \cdot L^{-1}$ BSA 溶液在 280nm 的吸光度，然后向加有 2mL 的 $1.0 \times 10^{-5} mol \cdot L^{-1}$ BSA 溶液的 1cm 比色皿中每次滴加 $2 \mu L$ 的 $0.1 mol \cdot L^{-1}$ Zn^{2+} 离子溶液，以 $4.0 \times 10^{-4} mol \cdot L^{-1}$ 的 Zn^{2+} 离子溶液为参比，测定每次加入 $0.1 mol \cdot L^{-1}$ Zn^{2+} 离子溶液后溶液吸光度的变化。

5. 将吸光度对 BSA：Zn^{2+} 离子摩尔比列表，观察 BSA 随（BSA：Zn^{2+}）离子摩尔比的变化。

五、思考讨论题

1. 用紫外分光光度法还是用可见分光光度法来测量，其测量特点上有什么不同？

2. 小分子与生物大分子的作用规律有哪些？

六、数据记录及处理结果

表 18-1　吸光光度值

BSA：Zn^{2+}（摩尔比）	0	10	20	30	40	50

注释：相对吸光度，即将加了金属离子的 BSA 在 280nm 处的吸收峰强度和纯 BSA 在 280nm 处吸收峰强度相比得到的比值。

实验 19　分析天平称量练习

一、实验目的

1. 熟悉电子分析天平的原理和使用规则。
2. 学习分析天平的基本操作和常用称量方法。

二、实验原理

电子天平的称量原理参见本教材第一部分 4 称量。

三、主要仪器及试剂

电子分析天平、表面皿、称量瓶、50mL 小烧杯、小药匙、石英砂或 $K_2Cr_2O_7$ 粉末试样。

四、实验步骤

1. **固定质量称量**（称取 0.5 000g 石英砂或 $K_2Cr_2O_7$ 粉末试样 3 份）

使用电子天平之前，调节水平并用专用的天平刷清理秤盘。再打开电子天平，待其显示数字后将洁净、干燥的表面皿或小烧杯放置秤盘上（注意：拿称量器皿时手不要直接接触，可垫上滤纸条或者戴手套拿，尽量将其放在天平秤盘的中央，以使天平受力均匀。下同），关好天平门。然后按自动清零键（即 TAR 或 ON/OFF 键），等待天平显示 0.0 000g。若显示其他数字，可再次按清零键，使其显示 0.0 000g。

打开天平门，用小药匙将试样慢慢加到表面皿或小烧杯的中央，直到天平显示 0.5 000g。然后关好天平门，看读数是否仍然为 0.5 000g。若所称量小于该值，可继续加试样；若显示的量超过该值，则需重新称量。称完一份后，可将试样倒入回收瓶中（也可不倒，直接以此为起点继续进行称量练习），再进行第 2 次及第 3 次称量。每次称好后均应及时记录称量数据。

2. **递减称量**（称取 0.30~0.32g 试样 3 份）

按电子天平清零键，使其显示 0.0 000g，取一只洁净、干燥的称量瓶，向其中加入约五分之一体积的试样（可根据称量次数估计取试样的量），盖好盖。然后将其置于天平秤盘上，关好天平门，按清零键，使其显示 0.0 000g。取出称量瓶，将部分试样轻敲至小烧杯中，再称量，看天平读数是否在 –0.30~–0.32g 范围内。若敲出量不够，则继续敲出，直至读数在此范围内，并记录数据。若敲出量超过 0.32g，则需重新称量。重复上述操作，称取第 2 份及第 3 份试样。

每次递减称量时，可根据称量瓶中试样的量或前一次所称试样的体积来判断敲出多少试样较合适，这样有助提高称量速度。

称量结束，整理好天平，关闭电源。在使用登记本上登记使用情况。

五、思考讨论题

1. 用分析天平称量的方法有哪几种？固定称量法和递减称量法各有何优缺点？
2. 在什么情况下选用这两种方法？
3. 称量时，应尽量将物体放在天平秤盘的中央，为什么？
4. 使用称量瓶时，如何操作才能保证不损失试样？

六、数据记录及结果处理

表 19-1　固定质量称量

编号	1	2	3
m/g			

表 19-2　递减称量

编号	1	2	3
$m_{空烧杯}/g$			
称量瓶倒出试样 m_1/g			
$m_{烧杯+试样}/g$			
烧杯中试样 m_2/g			
偏差 $(m_2-m_1)/mg$			

实验 20　酸碱标准溶液的配制、浓度的比较和标定

一、实验目的

1. 熟悉容量分析仪器的洗涤和正确使用方法。
2. 了解酸碱滴定法的基本原理。
3. 掌握用基准物质标定溶液浓度的方法。
4. 学会正确判断滴定终点，掌握滴定操作技术。

二、实验原理

酸碱滴定法常用的标准溶液是 HCl 和 NaOH 溶液，由于浓盐酸易挥发放出 HCl 气体，氢氧化钠易吸收空气中的水分和 CO_2，故不宜直接配成准确浓度的溶液，一般先配成近似浓度，然后再用基准物质进行标定。

酸碱反应的实质是 $H^+ + OH^- = H_2O$，当 HCl 和 NaOH 反应完全时：

$$n(\text{HCl})=n(\text{NaOH})$$

本实验先配成近似 $0.1\text{mol} \cdot \text{L}^{-1}$ HCl 溶液和 $0.1\text{mol} \cdot \text{L}^{-1}$ NaOH 溶液，再进行酸碱溶液浓度的比较滴定，反应达到化学计量点时：

$$c(\text{HCl}) \cdot V(\text{HCl}) = c(\text{NaOH}) \cdot V(\text{NaOH})$$

$$\frac{c(\text{NaOH})}{c(\text{HCl})} = \frac{V(\text{HCl})}{V(\text{NaOH})}$$

此式表明，通过酸碱溶液的比较滴定，可以准确测出酸碱溶液的体积比，如果测知 NaOH 溶液的浓度，即可由上式计算出 HCl 溶液的准确浓度。

标定强酸溶液可以用无水碳酸钠（Na_2CO_3）、硼砂（$Na_2B_4O_7 \cdot 10H_2O$）等基准物质或已知准确浓度的强碱溶液。标定强碱溶液可用草酸（$H_2C_2O_4 \cdot 2H_2O$）、邻苯二甲酸氢钾（$KHC_8H_4O_4$）等基准物质或已知准确浓度的强酸溶液。

本实验选用邻苯二甲酸氢钾作基准物质，标定 NaOH 溶液的准确浓度，然后计算出 HCl 溶液的准确浓度。反应如下：

至等量点时，溶液呈弱碱性，用酚酞作指示剂。

三、主要仪器及试剂

分析天平、酸式滴定管（50mL）、碱式滴定管（50mL）、滴定台、锥形瓶

（250mL）、烧杯（50mL）、量筒（10mL、100mL）、试剂瓶（500mL）、洗瓶、电子天平、玻棒、表面皿。

浓盐酸（AR）、NaOH（固，AR）、邻苯二甲酸氢钾（基准物质）、甲基橙指示剂、酚酞指示剂。

四、实验步骤

1. 仔细阅读第一部分 5 滴定分析仪器及基本操作。

2. 标准溶液的配置

（1）0.1mol·L^{-1}HCl 溶液　　计算 0.1mol·L^{-1}HCl 溶液 500mL 所需要浓盐酸的体积，用 10mL 量筒量取计算量的浓盐酸，倒入洁净的具玻璃塞 500mL 玻璃瓶中，加蒸馏水至 500mL 盖上瓶塞，充分摇匀，贴上标签（注明试剂名称、浓度、班级、姓名及配制日期）备用。

（2）0.1mol·L^{-1}NaOH 溶液　　在电子天平上用表面皿称取 2.2~2.6g 的 NaOH 置于小烧杯中，加蒸馏水约 10mL 摇动一次立即将水倾出（溶出其表面上的 Na$_2$CO$_3$），再加蒸馏水使 NaOH 溶解后，定量转移到 500mL 具橡皮塞或软木塞的试剂瓶中，用蒸馏水稀释至 500mL，盖上瓶塞，充分摇匀，贴上标签（注明试剂名称、浓度、班级、姓名及配制日期）备用。

3. 酸碱标准溶液浓度的比较

（1）取酸式和碱式滴定管各 1 支，洗净，经检查不漏水后，分别用所配制的 0.1mol·L^{-1}HCl 和 NaOH 溶液润洗 2~3 次，再装满酸碱标准溶液，赶去尖端气泡，调节滴定管内溶液的弯月面至 "0" 或稍低于 "0" 刻度处，静置片刻，准确记录最初读数（准确至小数点后第二位）。

（2）从碱式滴定管中放出 0.1mol·L^{-1}NaOH 溶液 20~25mL 于洁净的 250mL 锥形瓶中，加入甲基橙指示剂 1~2 滴，摇匀。由酸式滴定管将 0.1mol·L^{-1}HCl 溶液逐滴滴入锥形瓶中，边滴边旋摇锥形瓶，将近终点时，用洗瓶中的蒸馏水淋洗锥形瓶内壁，把滴定过程中附着在内壁上的溶液冲下，继续逐滴滴定至橙色，即为终点。继续滴入少量 HCl 溶液，溶液由橙色又变为红色。再从碱式滴定管逐滴滴入 NaOH 溶液，使溶液再由红色变为橙色，注意观察终点。如此反复练习滴定操作和终点的观察。最后准确读取所消耗的 HCl 和 NaOH 溶液体积的最终读数，并求出 HCl 溶液和 NaOH 溶液的体积比。平行测定 3 份，计算平均结果和相对平均偏差，要求相对平均偏差小于 0.5%。

4. NaOH 溶液浓度的标定和 HCl 溶液浓度的计算

（1）NaOH 溶液浓度的标定　　在分析天平上用减量法准确称取 0.4~0.6g 邻苯二甲酸氢钾 2~3 份，分别放入已编号的洁净的 250mL 锥形瓶中，加 20~30mL 蒸馏水溶解后，加入酚酞指示剂 1~2 滴，用待标定的 NaOH 滴定至微红色，30 秒不褪色即为终点。准确记录所消耗 NaOH 溶液的体积，按下式计算 NaOH 溶液的浓度：

$$c(NaOH) = \frac{m(KHC_8H_4O_4) \times 1000}{M(KHC_8H_4O_4) \times V(NaOH)}$$

计算平均结果和相对平均偏差，要求相对平均偏差小于 0.5%。

（2）HCl 溶液浓度的计算　由步骤 3 中所得体积比和上述标定 NaOH 浓度，按照下式计算 HCl 溶液的浓度：

$$c(HCl) = \frac{V(NaOH)}{V(HCl)} \times c(NaOH)$$

最后，将所得 HCl、NaOH 溶液的准确浓度标于溶液试剂瓶标签上。

五、思考讨论题

1. 滴定管在使用时都要用待装的溶液洗涤 2~3 次，锥形瓶是否要洗涤？为什么？

2. 在 NaOH 溶液的标定中，可选择甲基橙作指示剂吗？为什么？

3. 下列情况对实验结果有无影响？

（1）滴定完毕，滴定管的尖端留有液滴或尖端内壁产生了气泡。

（2）在滴定过程中，往锥形瓶中淋洗了少量的蒸馏水。

（3）滴定过程中，滴定的速度很快而且达到滴定终点，就立即读数。

六、数据记录及结果处理

表 20-1　酸碱溶液浓度的比较

编号	1	2	3
HCl 溶液的用量 /mL			
NaOH 溶液的用量 /mL			
V_{HCl}/V_{NaOH} 比值			
V_{HCl}/V_{NaOH} 平均值			
相对偏差 /%			
平均相对偏差 /%			

表 20-2　NaOH 溶液浓度的标定和 HCl 溶液浓度的计算

编号	1	2	3
$KHC_8H_4O_4$ 的质量 /g			
NaOH 溶液的浓度 /mol·L⁻¹			
NaOH 溶液的浓度 /mol·L⁻¹			
NaOH 溶液的浓度平均值 /mol·L⁻¹			
相对偏差 /%			
平均相对偏差 /%			
HCl 溶液的浓度 /mol·L⁻¹			

实验 21　食醋中醋酸含量的测定及小苏打片中碳酸氢钠含量的测定

一、实验目的

1. 了解食醋中醋酸的测定方法。
2. 了解药用小苏打片中 $NaHCO_3$ 含量的测定方法。
3. 熟悉酸碱滴定法及具体的应用。

二、实验原理

食醋以粮食为原理，经发酵、酿造将原料中的碳水化合物、蛋白质、脂肪等转变为醋酸、琥珀酸、苹果酸、柠檬酸等以及其他复杂的有机物，其中以醋酸含量（约为 $30g\cdot L^{-1}{\sim}50g\cdot L^{-1}$）最多。在贮存过程中，有机酸能与醇结合生成各种酯，增加食醋的风味，所以食醋中总酸含量也是食醋质量的重要指标。我国食醋卫生标准（GB2719–81）中规定醋酸（以醋酸计）指标≥3.5%。

醋酸为一元弱酸，其 $Ka=1.76\times10^{-5}$，所以可用 NaOH 标准溶液直接滴定，其反应式如下：

$$HAc + NaOH = NaAc + H_2O$$

化学计量点时 pH 值为 8.7，所以可选用酚酞作指示剂。

小苏打片为临床常用药品之一，是用 $NaHCO_3$ 加淀粉等压制而成。根据我国药典规定，本品 $NaHCO_3$ 含量应为标示量的 95%~105%。

碳酸氢钠的含量可用盐酸标准溶液直接进行滴定，滴定反应为：

$$NaHCO_3 + HCl = NaCl + CO_2\uparrow + H_2O$$

在等量点时，溶液 pH 值为 3.9 可选用甲基橙为指示剂，用 HCl 标准溶液滴定至橙色即为终点。

三、主要仪器及试剂

酸、碱式滴定管（50mL）、移液管（25mL）、锥形瓶（250mL）、移液管（10mL）、容量瓶（100mL、250mL）、小烧杯（100mL）、玻棒、洗瓶、洗耳球。

食醋（白醋）、小苏打片、HCl 标准溶液、NaOH 标准溶液、酚酞指示剂、甲基橙指示剂。

四、实验步骤

1. 醋酸含量的测定

（1）**样品的处理** 市售食醋含醋酸量较高，测定前应进行稀释，使其与 NaOH 标准溶液浓度相当。为此，用移液管吸取食醋 10.00mL 注入 100mL 容量瓶中，加蒸馏水稀释至刻度，充分摇匀，制成食醋待测液。

（2）NaOH 标准溶液的标定参见实验 20（四 –4）NaOH 溶液浓度的标定。

（3）**食醋待测液的测定** 用移液管吸取食醋待测液 25.00mL，置于 250mL 锥形瓶中，加酚酞指示剂 1~2 滴，用 NaOH 标准溶液滴定至溶液呈微红色在半分钟内不褪色即为终点。记录结果，用同法重复测定 2~3 次，计算相对偏差。按下式计算 100mL 食醋中所含 $HC_2H_3O_2$ 的质量。

$$HC_2H_3O_2\% = \frac{c(NaOH) \cdot V(NaOH) \cdot \dfrac{M(HC_2H_3O_2)}{1000}}{10.00 \times \dfrac{25.00}{100.0}} \times 100\%$$

2. $NaHCO_3$ 含量测定

（1）**样品的处理** 精确称取标示量为 0.5g 的小苏打片 5 片（称准至 0.1mg），置于小烧杯中，加少量蒸馏水溶解后，将所得混合液定量转入 250mL 容量瓶中，用蒸馏水稀释至刻度，摇匀，即得小苏打待测溶液。

（2）HCl 标准溶液的标定参见实验 22（四 –1）HCl 溶液浓度的标定。

（3）**小苏打待测液的测定** 用移液管吸取上述小苏打待测液 25.00mL（相当于半片小苏打片，重 0.25g），置于 250mL 锥形瓶中，加甲基橙指示剂 1~2 滴，用 HCl 标准溶液滴定至橙色即为终点。平行测定 2~3 次，记录结果，计算相对偏差。小苏打片中 $NaHCO_3$ 的百分含量可按下式计算：

$$NaHCO_3\% = \frac{c(HCl) \times V(HCl) \times M(NaHCO_3)}{m_s \times 1000} \times 100\%$$

式中：m_s 表示所称样品小苏打片的质量。

五、思考讨论题

1. 移液管使用前，为什么要用所吸溶液润洗 2~3 次？使用时应注意什么？

2. NaOH 标准溶液能滴定 HAc，HCl 标准溶液能否滴定 NaAc？

3. 在实验中，两种测定所使用的指示剂能否互换使用，说明理由。

4. NaOH 标准溶液如果放置太久，会吸收空气中的 CO_2，再去测定 HAc 的含量将有何影响？

六、数据记录及结果处理

表 21-1　食醋中 HAc 含量的测定

编号	1	2	3
食醋样品的体积 /mL			
NaOH 标准溶液的浓度 /mol·L⁻¹			
NaOH 标准溶液的用量 /mL			
HAc 的百分含量 /%			
HAc% 平均值			
相对偏差 /%			
平均相对偏差 /%			

表 21-2　小苏打片中 NaHCO₃ 含量的测定

编号	1	2	3
小苏打样品的质量 /g			
HCl 标准溶液的浓度 /mol·L⁻¹			
HCl 标准溶液的用量 /mL			
NaHCO₃ 的百分含量 /%			
NaHCO₃% 平均值			
相对偏差 /%			
平均相对偏差 /%			

实验 22　阿司匹林片剂中乙酰水杨酸含量的测定

一、实验目的

1. 学习返滴定法的原理与操作。
2. 熟悉用酸碱滴定法测定阿司匹林片剂含量。

二、实验原理

阿司匹林（aspirin）为乙酰水杨酸［2-（乙酰氧基）苯甲酸］，有解热、镇痛、消炎、抗风湿及抗血小板聚集等作用，由水杨酸和乙酸酐合成。乙酰水杨酸是有机弱酸（pKa=3.49），微溶于水，易溶于乙醇，在 Na_2CO_3 溶液或 NaOH 溶液中溶解并同时分解。

由于乙酰水杨酸易水解产生水杨酸和乙酸，在制剂生产和储存过程中均可能有水解产物引入片剂中，此外，片剂中加有少量酒石酸或枸橼酸作稳定剂，这些存在的酸性物质，在用中和法测定乙酰水杨酸时，均能消耗 NaOH 溶液，导致测定结果偏高。故不能采用直接滴定法，可采用返滴定法进行测定。首先将药片研磨成粉状后加入过量的 NaOH 标准溶液，加热一段时间使乙酰基水解完全，再以酚酞为指示剂，用 HCl 标准溶液返滴定过量的 NaOH，滴定至溶液由红色变为接近无色即为终点。即：

在上述反应中，1mol 乙酰水杨酸消耗 2molNaOH。

用 HCl 标准溶液滴定剩余的 NaOH 溶液：

$$NaOH + HCl = NaCl + H_2O$$

由于 NaOH 溶液在加热过程中易吸收空气中的 CO_2，用酸回滴时会造成测定误差，故需在同样条件下做空白试验以校正碱滴定液。

根据水解时所消耗的碱量，计算出样品中乙酰水杨酸的含量。

三、主要仪器及试剂

分析天平，研钵，称量瓶，量筒，烧杯（100mL）、锥形瓶（250mL），水浴锅，酸式滴定管（50mL），碱式滴定管（50mL）、移液管（10mL、25mL）。

阿司匹林片，NaOH 溶液（1mol·L⁻¹），HCl 标准溶液（0.1mol·L⁻¹），酚酞指示剂，甲基橙指示剂。

四、实验步骤

1. 0.1mol·L⁻¹HCl 溶液的标定

用差减法准确称取 0.13~0.15g 基准 Na_2CO_3，置于 250mL 锥形瓶中，加入 20~30mL 蒸馏水使之溶解后，滴加 1 滴甲基橙指示剂，用待标定的 HCl 溶液滴定，溶液由黄色变为橙色即为终点。平行滴定 3 份，根据所消耗的 HCl 体积计算 HCl 溶液的浓度。

2. 药片中乙酰水杨酸含量的测定

将阿司匹林药片研成粉末后，准确称取约 0.6g 药粉于干燥的 100mL 烧杯中，用移液管准确加入 25.00mL 1mol·L⁻¹NaOH 标准溶液后，用量筒加 30mL 蒸馏水，盖上表面皿，轻摇几下，至近沸水浴加热 15 分钟，迅速用流水冷却，将烧杯中的溶液定量转移至 100mL 容量瓶中，用蒸馏水稀释至刻度，摇匀。准确移取上述试液 10.00mL 于 250mL 锥形瓶中，加 20~30mL 蒸馏水，2~3 滴酚酞指示剂，用 0.1mol·L⁻¹HCl 标准溶液滴至红色刚好消失即为终点。平行测定 3 份，根据所消耗的 HCl 溶液的体积计算药片中乙酰水杨酸的质量分数。

3. NaOH 标准溶液与 HCl 标准溶液体积比的测定（空白试验）

用移液管准确移取 25.00mL 1mol·L⁻¹NaOH 溶液于 100mL 烧杯中，在与测定药粉相同的实验条件下进行加热，冷却后，定量转移至 100mL 容量瓶中，稀释至刻度，摇匀。准确移取上述试液 10.00mL 于 250mL 锥形瓶中，加 20~30mL 蒸馏水，2~3 滴酚酞指示剂，用 0.1mol·L⁻¹HCl 标准溶液滴至红色刚好消失即为终点。平行测定 3 份，计算 V_{NaOH}/V_{HCl} 值。

4. 0.1mol·L⁻¹NaOH 溶液的标定

准确称取 $KHC_8H_4O_4$ 基准物质 0.4~0.6g 于 250mL 锥形瓶中，加约 50mL 蒸馏水溶解，摇匀。加入 2~3 滴酚酞指示剂，用待标定的 NaOH 溶液滴至溶液呈微红色，保持 30 秒不褪色，即为终点。平行滴定 3 份，计算 NaOH 溶液的浓度。

五、思考讨论题

1. 在测定药片的实验中，为什么 1mol 乙酰水杨酸消耗 2molNaOH，而不是 3molNaOH？返滴定后的溶液中，水解产物的存在形式是什么？

2. 用返滴定法测定乙酰水杨酸，为何须做空白试验？

六、数据记录及结果处理

表 22-1　0.1mol·L⁻¹HCl 溶液的标定

编号	1	2	3
$m_{Na_2CO_3}$/g			
V_{HCl}/mL			
c_{HCl}/mL			
平均浓度 /(mol·L⁻¹)			

表 22-2　药片中乙酰水杨酸含量的测定

编号	1	2	3
$m_{乙酰水杨酸试样}$ /g			
$V_{移取试液}$ /mL			
V_{HCl}/mL			
$w_{乙酰水杨酸}$			
乙酰水杨酸含量平均值			

表 22-3　NaOH 标准溶液与 HCl 标准溶液体积比的测定

编号	1	2	3
V_{NaOH}/mL			
V_{HCl}/mL			
V_{NaOH}/V_{HCl}			
平均体积比(V_{NaOH}/V_{HCl})			

表 22-4　0.1mol·L⁻¹NaOH 溶液的标定

编号	1	2	3
$m_{KHC_8H_4O_4}$/g			
V_{NaOH}/mL			
c_{NaOH}/mL			
平均浓度 /(mol·L⁻¹)			

实验 23 生活用水总硬度的测定（螯合滴定法）

一、实验目的

1. 熟悉螯合滴定法的基本原理。
2. 掌握生活用水总硬度测定的条件和操作方法。
3. 熟悉铬黑 T 指示剂的使用。

二、实验原理

天然水如自来水、河水、井水常含有各种可溶性的钙盐和镁盐，称为硬水，使用时常需要测定其硬度。水的硬度分暂时硬度和永久硬度。暂时硬度主要是由于水中含的 $Ca(HCO_3)_2$ 和 $Mg(HCO_3)_2$ 在煮沸时变成碳酸盐,其大部分可以析出，使水的硬度降低；永久硬度主要是由于水中含的钙、镁碳酸盐、硫酸盐和氯化物，煮沸时不析出。水的总硬度是指水中 Ca^{2+}、Mg^{2+} 离子的总含量，通常以 Ca^{2+} 离子的物质的量浓度表示，符号为 $c(Ca^{2+})$，单位是 $mmol \cdot L^{-1}$。$1mmol \cdot L^{-1}$ 为 1 度。

一般采用螯合滴定法来测定水的总硬度。常用的标准溶液是乙二胺四乙酸二钠盐，用简式 $Na_2H_2Y \cdot 2H_2O$ 表示，习惯上称为 EDTA，它在溶液中以 Y^{4-} 的形式与 Ca^{2+}、Mg^{2+} 离子配位，形成 1∶1 的无色螯合物。即：

$$Ca^{2+} + Y^{4-} \Longrightarrow CaY^{2-}$$

$$Mg^{2+} + Y^{4-} \Longrightarrow MgY^{2-}$$

用 EDTA 滴定时，必须借助于金属指示剂确定滴定终点。常用的金属指示剂为铬黑 T，它在 $pH \approx 10.0$ 的条件下，以纯蓝色游离的碱式离子 HIn^{2-} 形式存在，与 Ca^{2+}、Mg^{2+} 离子形成酒红色的指示剂配合物，反应通式为：

$$M^{2+} + HIn^{2-} \Longrightarrow MIn^- + H^+$$
$$\quad\quad\quad 蓝色 \quad\quad 酒红色$$

Ca^{2+}、Mg^{2+} 离子与 EDTA、铬黑 T 形成的配合物的稳定性不同，其稳定性大小的顺序为：

$$CaY^{2-} > MgY^{2-} > MgIn^- > CaIn^-$$

滴定前，先用 $NH_3 \cdot H_2O$–NH_4Cl 缓冲溶液调节溶液的 pH 值约为 10.0；再加入铬黑 T 指示剂，铬黑 T 首先与水中存在的少量 Mg^{2+} 配位反应，形成酒红色的 $MgIn^-$；然后用 EDTA 标准溶液滴定，滴入的 EDTA 分别与水中游离的 Ca^{2+}、Mg^{2+} 离子配合反应生成无色螯合物，溶液仍是酒红色的；临近终点时，水中游离的 Ca^{2+}、Mg^{2+} 离子反应完，只剩下很少量酒红色的 $MgIn^-$，因 MgY^{2-} 稳定性大于 $MgIn^-$，此时滴入约 1～2 滴 EDTA，它即可夺取 $MgIn^-$ 中的 Mg^{2+}，使铬黑 T 被游离出来，溶液就从酒红色变为蓝色，指示终点的到达。

根据等物质的量反应规则，由 EDTA 标准溶液的浓度和消耗的体积，按下式计算水的总硬度：

$$c\,(\mathrm{Ca^{2+}}) = \frac{c\,(\mathrm{EDTA}) \times V\,(\mathrm{EDTA})}{V_{\text{水}}}$$

若水的硬度比较大，在 pH ≈ 10.0 时，常出现 $CaCO_3$ 和 $MgCO_3$ 沉淀，使溶液混浊。

$$\mathrm{HCO_3^-} + \mathrm{Ca^{2+}} + \mathrm{OH^-} \rightleftharpoons \mathrm{CaCO_3} + \mathrm{H_2O}$$

$$\mathrm{HCO_3^-} + \mathrm{Mg^{2+}} + \mathrm{OH^-} \rightleftharpoons \mathrm{MgCO_3} + \mathrm{H_2O}$$

在这种情况下，滴定到"终点"时，常出现返色现象，使终点难以确定，滴定结果的重现性差。为此，可先将水样酸化，并稍加热后振荡，以除去 $\mathrm{HCO_3^-}$。

标定 EDTA 溶液的准确浓度，所用的基准物质有 $MgCO_3$、$CaCO_3$、Zn 等，标定也是在 pH 值约为 10.0 的条件下进行。本实验选用 $MgCO_3$ 作基准物质。计算公式：

$$c\,(\mathrm{EDTA}) = \frac{m\,(\mathrm{MgCO_3})}{M\,(\mathrm{MgCO_3}) \times V\,(\mathrm{EDTA})}$$

三、主要仪器试剂

烧杯（50mL、100mL），容量瓶（100.00mL、250.00mL），吸量管（25.00mL），移液管架，量筒（10mL、100mL），500mL 试剂瓶或聚乙烯瓶，洗瓶，碱式滴定管，电子天平，分析天平，称量瓶。

EDTA（固），$MgCO_3$（A.R），$9\,\mathrm{mol \cdot L^{-1}}\mathrm{NH_3 \cdot H_2O}$，$3\,\mathrm{mol \cdot L^{-1}}\mathrm{HCl}$，三乙醇胺，$NH_4Cl$（固），铬黑 T（固）、浓氨水，pH ≈ 10.0 $\mathrm{NH_3 \cdot H_2O} - NH_4Cl$ 缓冲溶液（称 2gNH_4Cl，加浓氨水 7.2mL，加蒸馏水稀至 100mL），铬黑 T 指示剂（临用时配制：取 0.5g 铬黑 T，加三乙醇胺 20mL，加蒸馏水稀至 100mL），精密 pH 试纸。

四、实验步骤

1. EDTA 标准溶液的配制

称取 EDTA（固体）1.5g 于小烧杯中，微热溶解后，稀释至 400mL 得约 $0.01\,\mathrm{mol \cdot L^{-1}}$ EDTA 溶液，储存于 500mL 试剂瓶（最好是聚乙烯瓶）中备用。

2. EDTA 标准溶液的标定

准确称取 $MgCO_3$（110℃干燥 2 小时至恒重）0.2 000 ~ 0.2 200g 置于洁净烧杯中，加 5 滴蒸馏水润湿，用滴管缓慢滴入 $3\,\mathrm{mol \cdot L^{-1}}$ HCl 约 3mL，搅拌溶解，移入 250.00mL 容量瓶中，用蒸馏水稀释至刻度，摇匀待用。准确移取 $MgCO_3$ 标准溶液 25.00mL 于 250mL 锥形瓶中，滴加约 4 滴 $9\,\mathrm{mol \cdot L^{-1}}\mathrm{NH_3 \cdot H_2O}$ 调节 pH ≈ 10.0，再加 $\mathrm{NH_3 \cdot H_2O} - NH_4Cl$ 缓冲溶液 8mL，铬黑 T 指示剂 2 滴，用 EDTA 标准溶液滴定，临近滴定终点时应缓慢滴加，并充分振荡，直到溶液由酒红色变为纯蓝色时

为止，即为终点。记录消耗 EDTA 标准溶液的体积，平行 3 次。计算 EDTA 溶液准确浓度的平均值。

亦可用 Zn 基准物质标定 EDTA 溶液：准确称取纯 Zn 0.1 600 ~ 0.1 700g 于洁净烧杯中，加 6mol·L⁻¹ HCl 5mL，全部溶解后转至 250.00mL 容量瓶中，定容。准确移取 25.00mL Zn²⁺ 标准溶液于 250 锥形瓶中，边振荡边缓慢滴加 9mol·L⁻¹NH₃·H₂O 3 ~ 4 滴，至有白色 Zn(OH)₂ 沉淀析出，加入 NH₃·H₂O–NH₄Cl 缓冲溶液 10mL，沉淀溶解，加铬黑 T 指示剂 2 滴，用 EDTA 标准溶液滴至纯蓝色为终点。平行 3 次。计算 EDTA 溶液准确浓度的平均值。

3. 水总硬度的测定

准确吸取自来水水样 100.00mL 于 250mL 锥形瓶中，加入 9mol·L⁻¹ NH₃·H₂O 约 4 滴至 pH ≈ 10.0，再加 NH₃·H₂O–NH₄Cl 缓冲溶液 5mL，铬黑 T 指示剂 2 滴，用 EDTA 标准溶液滴定，至溶液由酒红色变为纯蓝色为终点。记录所用 EDTA 标准溶液的体积。平行测定 3 次，计算水总硬度的平均值。

五、思考讨论题

1. 什么叫水的硬度？如何表示？

2. 在标定 EDTA 溶液和测定水的硬度时，为什么要加入 pH ≈ 10.0 的 NH₃·H₂O–NH₄Cl 缓冲溶液？

3. 为什么不用 EDTA 直接配制准确浓度的标准溶液？

六、数据记录及处理结果

表 23–1　EDTA 标准溶液的标定

编号	1	2	3
V_{EDTA}/mL			
V_{EDTA} 平均值 /mL			
c_{EDTA}/(mol·mL⁻¹)			

表 23–2　EDTA 滴定自来水的总硬度

编号	1	2	3
V_{EDTA}/mL			
V_{EDTA} 平均值 /mL			
水样总硬度 /[mg(CaCO₃)·L⁻¹]			

实验 24　高锰酸钾法测定双氧水中 H_2O_2 的含量

一、实验目的

1. 了解 $KMnO_4$ 标准溶液的配制和标定方法。
2. 掌握用 $KMnO_4$ 法测定过氧化氢含量的原理和方法。
3. 进一步熟练掌握滴定管的使用方法。

二、实验原理

双氧水是医药上常用的消毒剂，药用双氧水含 H_2O_2 2.5～3.5 （g/100mL），其含量的测定常用高锰酸钾法。

高锰酸钾法是以 $KMnO_4$ 为标准溶液的氧化还原滴定法。在强酸性溶液中 $KMnO_4$ 被还原成近乎无色的 Mn^{2+} 离子，H_2O_2 被氧化成 H_2O 和 O_2。

$$2KMnO_4 + 5H_2O_2 + 3H_2SO_4 = 2MnSO_4 + K_2SO_4 + 5O_2 \uparrow + 8H_2O$$

过氧化氢受热易分解，故此滴定应在室温下进行。

上述反应为自身催化作用。滴定开始时，反应速度较慢，随着反应过程中生成少量 Mn^{2+}，Mn^{2+} 能催化反应，使其反应速度大大加快。故开始时滴定速度不宜太快。

浓度为 $2 \times 10^{-6} mol \cdot L^{-1}$ 的 $KMnO_4$ 溶液仍呈现出明显的淡红色，故自身可作指示剂。当溶液显淡红色时即为滴定终点。

溶液的酸性用 H_2SO_4 调节，不能用盐酸或硝酸。酸度控制在 $1～2 mol \cdot L^{-1}$ 为宜。酸度过高，会使 $KMnO_4$ 分解，酸度过低，会产生 MnO_2 褐色沉淀，妨碍滴定终点的观察。

市售的 $KMnO_4$ 试剂常含有少量 MnO_2 和其他杂质，蒸馏水中也常含有微量的还原物质。因此，$KMnO_4$ 标准溶液不宜用直接法配制，而是配成近似浓度溶液，在冷暗处放置，再用基准物质标定。

标定 $KMnO_4$ 溶液浓度的基准物质有 $Na_2C_2O_4$、$(NH_4)_2SO_4 \cdot FeSO_4 \cdot 6H_2O$、$H_2C_2O_4 \cdot 2H_2O$ 等，其中 $Na_2C_2O_4$ 易精制、不含结晶水、吸湿性小和热稳定性好，故常被采用。其标定反应为：

$$2KMnO_4 + 5Na_2C_2O_4 + 8H_2SO_4 = 2MnSO_4 + K_2SO_4 + 5Na_2SO_4 + 10CO_2 \uparrow + 8H_2O$$

标定时，应在酸性溶液加热 75～85℃ 的条件下进行，滴定时温度不宜超过 90℃，以防部分 $H_2C_2O_4$ 分解。为了使标定反应较快且定量地进行，还要注意控制酸度、滴定速度等条件。

三、主要仪器试剂

分析天平、电子天平、酸式滴定管 （50mL）、移液管 （10mL、25mL）、容量瓶（250mL）、锥形瓶（250mL）、烧杯（150mL、500mL）、量筒（100mL）、棕色试剂瓶（500mL）、砂芯漏斗。

$KMnO_4$（固，AR）、$Na_2C_2O_4$（固，基准物质）、H_2SO_4（6mol·L⁻¹）、药用双氧水（2.5~3.5%）。

四、实验步骤

1. 0.02mol·L⁻¹ KMnO₄溶液的配制

用电子天平称取 $KMnO_4$ 约 1.5 克，置于烧杯中，加蒸馏水溶解，稀释至500mL，盖上表面皿加热，保持微沸状态 1 小时，静置 2 天以上（或用沸水溶解，静置 7~8 天）。然后用砂芯漏斗或玻璃棉过滤（不能用滤纸，因其是有机物，能被 $KMnO_4$ 氧化），除去析出的 MnO_2 沉淀。滤液置于棕色试剂瓶中，在暗处密闭保存，以待标定。

2. KMnO₄标准溶液的标定

准确称取基准物质 $Na_2C_2O_4$（Mr 134）1.6~1.7 克（精确度 0.1mg），置于小烧杯中，加适量蒸馏水使之溶解，定量转移至 250mL 容量瓶中，加蒸馏水稀释至标线，摇匀。

用移液管吸取 $Na_2C_2O_4$ 标准溶液 25.00mL，置于 250mL 锥形瓶中，加6mol·L⁻¹ H_2SO_4 8mL，摇匀。加热溶液至有蒸气冒出（75~85℃），趁热用 $KMnO_4$ 溶液滴定，待第一滴紫红色褪去，再滴加第二滴。此后滴定速度控制在每秒 2~3 滴为宜。接近终点时，应减慢滴定速度，且充分摇匀，直到溶液显淡红色（保持 30 秒不褪色）即达滴定终点。平行标定 3 次。

按下式计算 $KMnO_4$ 标准溶液的准确浓度：

$$c(KMnO_4) = \frac{2}{5} \times \frac{m(Na_2C_2O_4) \times 1000}{M(Na_2C_2O_4) \times V(KMnO_4)}$$

$m(Na_2C_2O_4)$ 为实际参加反应的量。

3. 双氧水中 H₂O₂ 含量的测定

用移液管吸取药用双氧水 10.00mL 置于 250mL 容量瓶中加蒸馏水稀释至标线，摇匀。然后用移液管吸取 25.00mL 稀释后的双氧水待测液，置于 250mL 锥形瓶中，加蒸馏水 25mL 和 6mol·L⁻¹ H_2SO_4 8mL，用 $KMnO_4$ 标准溶液滴至溶液显淡红色（保持 30 秒不褪色），即为滴定终点。平行测定 3 次。

按下式计算双氧水中 H_2O_2 的百分含量：

$$H_2O_2\% = \frac{\frac{5}{2} \times c(KMnO_4) \times V(KMnO_4) \times M(H_2O_2)}{V(H_2O_2) \times \frac{25.00}{250} \times 1000} \times 100\%$$

五、思考讨论题

1. 用 $Na_2C_2O_4$ 为基准物标定 $KMnO_4$ 溶液时，应注意哪些反应条件？

2. 用高锰酸钾法滴定双氧水能否用 HNO_3 或 HCl 来控制酸度？能否采用加热或加催化剂等方法来加快反应速度？为什么？

3. 在装满 $KMnO_4$ 溶液的烧杯或滴定管久置后，其壁上常有棕色沉淀，且不易洗净，该棕色沉淀是什么？应该怎样洗涤？

六、数据记录及结果处理

表 24-1　标定 $KMnO_4$ 溶液浓度

编号	1	2	3
基准物 $Na_2C_2O_4$ 的质量(g)			
$KMnO_4$ 溶液用量(mL)			
$KMnO_4$ 溶液浓度($mol \cdot L^{-1}$)			
$KMnO_4$ 溶液浓度平均值			
相对偏差 /%			
平均相对偏差 /%			

表 24-2　过氧化氢含量的测定

编号	1	2	3
H_2O_2 样品体积(mL)			
$KMnO_4$ 溶液用量(mL)			
H_2O_2 的含量%			
H_2O_2%平均值			
相对偏差 /%			
平均相对偏差 /%			

实验 25　果品总酸度的测定

一、实验目的

1. 熟悉滴定分析法原理、方法与应用。
2. 了解食品在测定前的一般处理方法。

二、实验原理

食品中的有机酸影响食品的香味、颜色、稳定性和质量的好坏。当然，植物食品的酸度在不同的地域和不同的阶段或因其成熟程度和生长条件不同而异。如葡萄，未成熟时主要是苹果酸，随着果实的成熟，苹果酸含量减少，酒石酸含量增加，最后酒石酸变成酒石酸钾。此外，测定果蔬的酸度和糖的相对含量比，可以判断其成熟度。如柑橘类水果的糖酸比，已用于判断柑橘的成熟度。有机酸是果蔬的特有成分，它的存在，增加果蔬酸味。

水果中富含有机酸，如乙酸、柠檬酸、苹果酸、酒石酸等，这些有机酸可以用碱标准溶液滴定，以酚酞为指示剂。根据所消耗的碱的浓度和体积，即可求出果品中的总酸度：

$$有机酸(\%) = c_{NaOH}V_{NaOH}K/m_s \times 100\%$$

式中：m_s 为实际滴定的试样量（g）；V_{NaOH} 为滴定果品本身所消耗的 NaOH 标液量（mL）；c_{NaOH} 为滴定果品 NaOH 浓度（mol·L^{-1}）；K 为有机酸基本单元的式量 $M_B \times 10^3$，其取值参考下表 25-1：

表 25-1　有机酸测定

有机酸名称	K
柠檬酸（带 1 分子水）	0.064
苹果酸	0.067
醋酸	0.060
酒石酸	0.075
乳酸	0.090
琥珀酸	0.059
草酸	0.045

*分析芸香科柑橘类果实和越橘科浆果时按柠檬酸计算。分析仁果、核果类及大部分浆果类时按苹果酸计算。由于果品中酸值较低，故应对所有用去离子水作空白实验，扣除之。

三、主要仪器试剂

电子天平（准至 0.01g）、碱式滴定管、锥形瓶、匀浆器、250mL 容量瓶、过滤装置、移液管、烧杯。

NaOH 固体（或标液）、酚酞指示剂、水果样品。

四、实验步骤（可自行设计）

1. 配制 0.05mol·L⁻¹ NaOH 标准溶液。

2. 滴定材料的制备

取甜橙，去皮去膜去络去核，将剩余部分置于研钵中，捣碎，称取制成糊状的果肉约 20g（准至小数后两位）于洁净干燥的小烧杯中，用纱布过滤至小锥形瓶中，再挤干，得到的汁液用棉花过滤。将汁液定容在 250mL 容量瓶中，摇匀。移取 25.00mL 滤液于锥形瓶中，加 1~2 滴酚酞指示剂，以 NaOH 标液滴定至终点（粉红色，且 0.5min 内不褪色）。平行测定 3 次。

另移取 25.00mL 去离子水，以 NaOH 标液滴定至酚酞终点。平行测定 3 次。

五、思考讨论题

1. 做空白实验的目的是什么？
2. 测定时，用什么仪器称取果品试样？
3. 本测定中，将样品残渣也一起进行定容，对结果有无影响？
4. 新制橙汁与橙汁上清液的 pH 有差别吗？通过对比实验来比较。
5. 果品的口感和酸度是什么关系？

六、数据记录及处理结果

表 25-2　NaOH 溶液的标定

编号	1	2	3
KHC$_8$H$_4$O$_4$ 的质量 /g			
NaOH 溶液的用量 /mL			
NaOH 溶液的浓度 /mol·L⁻¹			
NaOH 溶液的浓度平均值 /mol·L⁻¹			
相对偏差 /%			
平均相对偏差 /%			

表 25-3　果品总酸度的测定

编号	1	2	3
样品量 /g			
NaOH 标准溶液的浓度 /mol·L^{-1}			
NaOH 标准溶液的用量 /mL			
果品的总有机酸含量%			
酸含量%平均值			
相对偏差 /%			
平均相对偏差 /%			

第三部分 附录

附录 1 相对原子质量表

原子序数	中文名称	英文名称	符号	相对原子质量
1	氢	Hydrogen	H	1.00794
2	氦	Helium	He	4.002602
3	锂	Lithium	Li	6.941
4	铍	Beryllium	Be	9.012182
5	硼	Boron	B	10.811
6	碳	Carbon	C	12.0107
7	氮	Nitrogen	N	14.0067
8	氧	Oxygen	O	15.9994
9	氟	Fluorine	F	18.9984032
10	氖	Neon	Ne	20.1797
11	钠	Sodium	Na	22.989770
12	镁	Magnesium	Mg	24.3050
13	铝	Aluminum	Al	26.981538
14	硅	Silicon	Si	28.0855
15	磷	Phosphorus	P	30.973761
16	硫	Sulfur	S	32.065
17	氯	Chlorine	Cl	35.453
18	氩	Argon	Ar	39.948
19	钾	Potassium	K	39.0983
20	钙	Calcium	Ca	40.078
21	钪	Scandium	Sc	44.955910
22	钛	Titanium	Ti	47.867
23	钒	Vanadium	V	50.9415
24	铬	Chromium	Cr	51.9961
25	锰	Manganese	Mn	54.938049
26	铁	Iron	Fe	55.845
27	钴	Cobalt	Co	58.933200

原子序数	中文名称	英文名称	符号	相对原子质量
28	镍	Nickel	Ni	58.6934
29	铜	Copper	Cu	63.546
30	锌	Zinc	Zn	65.409
31	镓	Gallium	Ga	69.723
32	锗	Germanium	Ge	72.64
33	砷	Arsenic	As	74.92160
34	硒	Selenium	Se	78.96
35	溴	Bromine	Br	79.904
36	氪	Krypton	Kr	83.798
37	铷	Rubidium	Rb	85.4678
38	锶	Strontium	Sr	87.62
39	钇	Yttrium	Y	88.90585
40	锆	Zirconium	Zr	91.224
41	铌	Niobium	Nb	92.90638
42	钼	Molybdenum	Mo	95.94
43	锝	Technetium	Tc	[97.9072]
44	钌	Ruthenium	Ru	101.07
45	铑	Rhodium	Rh	102.90550
46	钯	Palladium	Pd	106.42
47	银	Silver	Ag	107.8682
48	镉	Cadmium	Cd	112.411
49	铟	Indium	In	114.818
50	锡	Tin	Sn	118.710
51	锑	Antimony	Sb	121.760
52	碲	Tellurium	Te	127.60
53	碘	Iodine	I	126.90447
54	氙	Xenon	Xe	131.293
55	铯	Cesium	Cs	132.905
56	钡	Barium	Ba	137.327
57	镧	Lanthanum	La	138.905
58	铈	Cerium	Ce	140.116
59	镨	Praseodymium	Pr	140.90765
60	钕	Neodymium	Nd	144.24
61	钷	Promethium	Pm	[144.9127]
62	钐	Samarium	Sm	150.36

续表

原子序数	中文名称	英文名称	符号	相对原子质量
63	铕	Europium	Eu	151.964
64	钆	Gadolinium	Gd	157.25
65	铽	Terbium	Tb	158.92534
66	镝	Dysprosium	Dy	162.500
67	钬	Holmium	Ho	164.930
68	铒	Erbium	Er	167.259
69	铥	Thulium	Tm	168.93421
70	镱	Ytterbium	Yb	173.04
71	镥	Lutetium	Lu	174.967
72	铪	Hafnium	Hf	178.49
73	钽	Tantalum	Ta	180.9479
74	钨	Tungsten	W	183.84
75	铼	Rhenium	Re	186.207
76	锇	Osmium	Os	190.23
77	铱	Iridium	Ir	192.217
78	铂	Platinum	Pt	195.078
79	金	Gold	Au	196.96655
80	汞	Mercury	Hg	200.59
81	铊	Thallium	Tl	204.3833
82	铅	Lead	Pb	207.2
83	铋	Bismuth	Bi	208.98038
84	钋	Polonium	Po	[208.9824]
85	砹	Astatine	At	[209.9871]
86	氡	Radon	Rn	[222.0176]
87	钫	Francium	Fr	[223.0197]
88	镭	Radium	Ra	[226.0254]
89	锕	Actinium	Ac	[227.0277]
90	钍	Thorium	Th	232.0381
91	镤	Protactinium	Pa	231.03588
92	铀	Uranium	U	238.02891
93	镎	Neptunium	Np	[237.0482]
94	钚	Plutonium	Pu	[244.0642]
95	镅	Americium	Am	[243.0614]
96	锔	Curium	Cm	[247.0704]
97	锫	Berkelium	Bk	[247.0703]
98	锎	Californium	Cf	[251.0796]

原子序数	中文名称	英文名称	符号	相对原子质量
99	锿	Einsteinium	Es	[252.0830]
100	镄	Fermium	Fm	[257.0951]
101	钔	Mendelevium	Md	[258.0984]
102	锘	Nobelium	No	[259.1010]
103	铹	Lawrencium	Lr	[262.1097]
104		Rutherfordium	Rf	[261.1088]
105		Dubnium	Db	[262.1141]
106		Seaborgium	Sg	[266.1219]
107		Bohrium	Bh	[264.12]
108		Hassium	Hs	[277]
109		Meitnerium	Mt	[268.1388]
110		Darmstadtium	Ds	[281]
111		Roentgenium	Rg	[272.1535]
112		Ununbium	Uub	[285]
114		Ununquadium	Uuq	[289]
116		Ununhexium	Uuh	[289]

附录 2　部分无机物在水中的溶解度

部分无机物在水中的溶解度[100g 水中所溶解该物质（无水）的质量 /g]

物质	温度℃										
	0	10	20	30	40	50	60	70	80	90	100
$Al_2(SO_4)_3$	31.3	33.5	36.2	40.4	45.7	52.2	59.2	66.2	73.1	86.8	89.0
$KAl(SO_4)_2$	3.0	4.0	5.9	8.4	11.7	17.0	24.8	40.0	71.0	109.0	238.2
$AgNO_3$	122.0	170.0	222.0	300.0	376.0	455.0	525.0	597.0	669.0	790.0	952.0
$BaCl_2$	31.6	33.3	35.7	38.2	40.7	43.6	46.4	49.4	52.4	55.6	58.8
$Ba(OH)_2$	1.67	2.48	3.89	5.59	8.22	13.12	20.94	35.60	101.4		
$CaCl_2$	59.5	65.0	74.5	102.0	115.0	127.0	136.8	141.7	147.0	152.7	159.0
$Ca(OH)_2$	0.185	0.176	0.165	0.153	0.141	0.128	0.106	0.106	0.094	0.085	0.077
$Ca(HCO_3)_2$	16.15	16.38	16.60	16.82	17.05	17.27	17.50	17.73	17.95	18.17	18.40
$CaSO_4$	0.176	0.193		0.209	0.210		0.205				0.162
$CuSO_4$	14.3	17.4	20.7	25.0	28.5	33.3	40.0	47.1	55.0	64.2	75.4
$FeSO_4$	15.65	20.5	26.5	32.9	40.2	48.6	57.0	50.9	43.6	37.3	
$FeSO_4 \cdot 7H_2O$	32.89	45.17	62.11	82.73	110.27		266.0				
KI	127.5	136.0	144.0	152.0	160.0	168.0	176.0	184.0	192.0	200.0	208.0
KCl	27.6	31.0	34.0	37.0	40.0	42.6	45.5	48.1	51.1	54.0	56.7
KNO_3	13.3	20.9	31.6	45.8	63.9	85.5	110.0	138.0	169.0	202.0	246.0
K_2CO_3	105.3	108.3	110.5	113.7	116.9	121.3	126.8	133.5	139.8	147.5	155.7
KBr	53.5	59.5	65.5	70.6	75.5	80.2	85.5	90.0	95.0	99.2	104.0
$KMnO_4$	2.83	4.4	6.4	9.0	12.56	16.89	22.2				
K_2SO_4	7.35	9.22	11.11	12.97	14.75	16.56	18.7	19.75	21.4	22.4	24.1
$MgSO_4$	26.9	31.5	36.2	40.9	45.6	50.4	55.0	59.5	64.2	68.9	73.9
$MnCl_2$	63.4	68.1	73.9	80.7	88.6	98.2	108.6	110.6	112.7	114.1	115.3
$NaCl$	35.7	35.8	36.0	36.3	36.6	37.0	37.3	37.8	38.5	39.0	39.8
Na_2SO_4	5.0	9.0	19.4	40.8	48.8	46.7	45.3	44.1	43.7	42.9	42.5
$NaNO_3$	73.0	80.0	88.0	96.0	104.0	114.0	124.0	135.0	148.0	162.0	180.0
$NaHCO_3$	6.9	8.15	9.6	11.1	12.7	14.5	16.4				
NH_4Cl	29.4	33.3	37.2	41.4	45.8	50.4	52.2	60.2	65.6	71.3	77.8
$(NH_4)_2SO_4$	70.6	73.0	75.4	78.0	81.0		88.0		95.3		103.3
$(NH_4)_2SO_4 \cdot FeSO_4 \cdot 6H_2O$	26.35		41.36		62.26		92.49		139.48		
$Pb(NO_3)_2$	38.8	48.3	56.5	66.0	75.0	85.0	95.0	105.0	115.0	126.0	138.8

附录 3 常用酸、碱溶液的密度和浓度

试剂名称	分子式	密度 /($g \cdot L^{-1}$)	质量分数 /(%)	c/($mol \cdot L^{-1}$)
浓盐酸		1.19	37	12
稀盐酸	HCl	1.10	20	6
浓硝酸		1.42	72	16
稀硝酸	HNO_3	1.20	32	6
浓硫酸		1.84	96	18
稀硫酸	H_2SO_4	1.18	25	3
磷酸	H_3PO_4	1.71	85	14.6
高氯酸	$HClO_4$	1.75	72	12
氢氟酸	HF	1.14	40	27.4
氢溴酸	HBr	1.49	47	8.6
冰醋酸		1.05	99.5	17
稀醋酸	CH_3COOH	1.04	34	6
浓氨水		0.90	28~30	15
稀氨水	$NH_3 \cdot H_2O$	0.96	10	6

附录 4 常用 $H_2PO_4^-$ 和 Tris 组成的缓冲溶液（25℃）

50mL 0.1mol·L^{-1} KH$_2$PO$_4$+xmL 0.1mol·L^{-1} NaOH 稀释至 100mL

pH	x	β	pH	x	β
5.80	3.6	–	7.00	29.1	0.031
5.90	4.6	0.010	7.10	32.1	0.028
6.00	5.6	0.011	7.20	34.7	0.025
6.10	6.8	0.012	7.30	37.0	0.022
6.20	8.1	0.015	7.40	39.10	0.020
6.30	9.7	0.017	7.50	41.10	0.018
6.40	11.6	0.021	7.60	42.80	0.015
6.50	13.9	0.024	7.70	44.20	0.012
6.60	16.4	0.027	7.80	45.30	0.010
6.70	19.3	0.030	7.90	46.10	0.007
6.80	22.4	0.033	8.00	46.70	–
6.90	25.9	0.033			

"Tris" 和 "Tris·HCl" 组成的缓冲溶液

缓冲溶液组成 /(mol·kg^{-1})			pH	
Tris	Tris·HCl	NaCl	25℃	37℃
0.02	0.02	0.14	8.220	7.904
0.05	0.05	0.11	8.255	7.908
0.006667	0.02	0.14	7.745	7.428
0.01667	0.05	0.11	7.745	7.427
0.05	0.05		8.173	7.851
0.01667	0.05		7.699	7.382

*：Tris 的化学式为 (HOCH$_2$)$_3$CNH$_2$

附录5 常用指示剂的配制

1. 酸碱指示剂

指示剂	变色范围	颜色变化	溶液浓度
麝香草酚蓝	1.2～2.8	红～黄	0.04%（水）
溴酚蓝	3.0～4.6	黄～蓝	0.04%（水）
甲基橙	3.1～4.4	红～黄	0.1%（水）
溴甲酚绿	3.8～5.4	黄～蓝	0.1%（水）
甲基红	4.2～6.3	红～黄	0.1%（60%乙醇）
溴甲酚紫	5.2～6.8	黄～紫	0.04%（水）
溴麝香草酚蓝	6.2～7.6	黄～蓝	0.05%（水）
酚红	6.8～8.4	黄～红	0.05%（水）
麝香草酚蓝	8.0～9.6	黄～蓝	0.04%（水）
酚酞	8.3～10.0	无色～红	0.05%（50%乙醇）
麝香草酚蓝	9.3～10.5	无色～蓝	0.04%（50%乙醇）

2. 混合指示剂

甲基黄 300mg、甲基红 200mg、酚酞 100mg、麝香草酚蓝 500mg、溴麝香草酚蓝 400mg。将上述物质溶于 500mL 乙醇中，逐滴加入 $0.01mol \cdot L^{-1}NaOH$ 溶液，直至溶液呈橙黄色为止。他在不同 pH 溶液中的颜色如下：

pH	2	4	6	8	10
颜色	红	橙	黄	绿	蓝

3. 淀粉指示剂

称取 0.5g 可溶性淀粉于小烧杯内加少量水调成糊状，倒入 100mL 沸水中，边加边搅拌。冷却后加入 2gKI，如需久置，则加少量 HgI_2 或 $ZnCl_2$、甘油等作防腐剂。

4. K–B 指示剂

称取 0.2g 酸性铬蓝 K、0.4g 萘酚绿 B 溶于 100mL 水中即成。简称 K–B 指示剂。由于酸性铬蓝 K 的水溶液不稳定，通常将指示剂用固体 NaCl 粉末稀释后使用（即用固体）。混合指示剂中的萘酚绿 B 在滴定过程中没有颜色的变化，只起衬托终点颜色的作用。

K–B 指示剂可用于测定 Ca^{2+}、Mg^{2+} 总量，也可以用于单独测定 Ca^{2+} 含量，使用方便。

附录6　　　一些难溶化合物的溶度积（25℃）

化合物	Ksp	化合物	Ksp	化合物	Ksp
AgAc	1.94×10^{-3}	$CdCO_3$	1.0×10^{-12}	$LiCO_3$	8.15×10^{-4}
AgBr	5.38×10^{-13}	CdF_2	6.44×10^{-3}	$MgCO_3$	6.82×10^{-6}
$AgBrO_3$	5.34×10^{-5}	$Cd(IO_3)_2$	2.50×10^{-8}	MgF_2	5.16×10^{-11}
AgCN	5.97×10^{-17}	$Cd(OH)_2$	7.2×10^{-15}	$Mg(OH)_2$	5.61×10^{-12}
AgCl	1.77×10^{-10}	CdS	1.40×10^{-29}	$Mg_3(PO_4)_2$	1.04×10^{-24}
AgI	8.52×10^{-17}	$Cd_3(PO_4)_2$	2.53×10^{-33}	$MnCO_3$	2.24×10^{-11}
$AgIO_3$	3.17×10^{-8}	$Co_3(PO_4)_2$	2.05×10^{-35}	$Mn(IO_3)_2$	4.37×10^{-7}
AgSCN	1.03×10^{-12}	CuBr	6.27×10^{-9}	$Mn(OH)_2$	2.06×10^{-13}
Ag_2CO_3	8.46×10^{-12}	CuC_2O_4	4.43×10^{-10}	MnS	4.65×10^{-14}
$Ag_2C_2O_4$	5.40×10^{-12}	CuCl	1.72×10^{-7}	$NiCO_3$	1.42×10^{-7}
$Ag_2C_rO_4$	1.12×10^{-12}	CuI	1.27×10^{-12}	$Ni(IO_3)_2$	4.71×10^{-5}
Ag_2S	6.69×10^{-50}	CuS	1.27×10^{-36}	$Ni(OH)_2$	5.48×10^{-16}
Ag_2SO_3	1.50×10^{-14}	CuSCN	1.77×10^{-13}	NiS	1.07×10^{-21}
Ag_2SO_4	1.20×10^{-5}	Cu_2S	2.26×10^{-48}	$Ni_3(PO_4)_2$	4.74×10^{-32}
Ag_3AsO_4	1.03×10^{-22}	$Cu_3(PO_4)_2$	1.40×10^{-37}	$PbCO_3$	7.40×10^{-14}
Ag_3PO_4	8.89×10^{-17}	$FeCO_3$	3.13×10^{-11}	$PbCl_2$	1.70×10^{-5}
$Al(OH)_3$	1.1×10^{-33}	FeF_2	2.36×10^{-6}	PbF_2	3.3×10^{-8}
$AlPO_4$	9.84×10^{-21}	$Fe(OH)_2$	4.87×10^{-17}	PbI_2	9.8×10^{-9}
$BaCO_3$	2.58×10^{-9}	$Fe(OH)_3$	2.79×10^{-39}	$PbSO_4$	2.53×10^{-8}
$BaCrO_4$	1.17×10^{-10}	FeS	1.59×10^{-19}	PbS	9.04×10^{-29}
BaF_2	1.84×10^{-7}	HgI_2	2.90×10^{-29}	$Pb(OH)_2$	1.43×10^{-20}
$Ba(IO_3)_2$	4.01×10^{-9}	HgS	6.44×10^{-53}	$Sn(OH)_2$	5.45×10^{-27}
$BaSO_4$	1.08×10^{-10}	Hg_2Br_2	6.40×10^{-23}	SnS	3.25×10^{-28}
$BiAsO_4$	4.43×10^{-10}	Hg_2CO_3	3.6×10^{-17}	$SrCO_3$	5.60×10^{-10}
CaC_2O_4	2.32×10^{-9}	$Hg_2C_2O_4$	1.75×10^{-13}	SrF_2	4.33×10^{-9}
$CaCO_3$	3.36×10^{-9}	Hg_2Cl_2	1.43×10^{-18}	$Sr(IO_3)_2$	1.14×10^{-7}
CaF_2	3.45×10^{-10}	Hg_2F_2	3.10×10^{-6}	$SrSO^4$	3.44×10^{-7}
$Ca(IO_3)_2$	6.47×10^{-6}	Hg_2I_2	5.2×10^{-29}	$ZnCO_3$	1.46×10^{-10}
$Ca(OH)_2$	5.02×10^{-6}	Hg_2SO_4	6.5×10^{-7}	ZnF_2	3.04×10^{-2}
$CaSO_4$	4.93×10^{-5}	$KClO_4$	1.05×10^{-2}	$Zn(OH)_2$	3.10×10^{-17}
$Ca_3(PO_4)_2$	2.53×10^{-33}	$K_2[PtCl_6]$	7.48×10^{-6}	ZnS	2.93×10^{-25}

本表资料主要引自 Weast RC, CRC Handbook of Chemistry and Physics, 80th ed, 1999-2000.